司马辽太郎

中国游记
西南纪行

[日] 司马辽太郎 著
胡南夫 译

陕西新华出版传媒集团
陕 西 人 民 出 版 社

图书在版编目（CIP）数据

司马辽太郎中国游记. 西南纪行 /（日）司马辽太郎著；胡南夫译. —西安：陕西人民出版社，2022. 8
ISBN 978-7-224-13905-1

Ⅰ. ①司… Ⅱ. ①司… ②胡… Ⅲ. ①游记—西南地区 Ⅳ. ①K92

中国版本图书馆 CIP 数据核字（2021）第 001290 号

著作权合同登记号　　图字：25-2020-202
KAIDO WO YUKU SHINSOUBAN 20 TYUUGOKUSYOKU TO UNNAN NO MICHI

Original Japanese edition Published by Asahi Shimbun Publications Inc., Tokyo.
Chinese translation rights in simplified characters arranged with
Asahi Shimbun Publications Inc., Tokyo.
through YIYUAN HEJUAN Agency, Inc., Peking

出 品 人：赵小峰
总 策 划：刘景巍
出版统筹：管中洑
策划编辑：王颖华
责任编辑：王颖华
整体设计：白明娟

司马辽太郎中国游记 · 西南纪行

作　　者　[日]司马辽太郎
译　　者　胡南夫
出版发行　陕西新华出版传媒集团　陕西人民出版社
（西安市北大街 147 号　邮编：710003）
印　　刷　陕西龙山海天艺术印务有限公司
开　　本　880 毫米×1230 毫米　1/32
印　　张　6. 375
字　　数　136. 068 千字
版　　次　2022 年 8 月第 1 版
印　　次　2022 年 8 月第 1 次印刷
书　　号　ISBN 978-7-224-13905-1
定　　价　59. 00 元

如有印装质量问题，请与本社联系调换。电话：029-87205094

目　　录

1 遥远之地

在铁板边缘用红味噌酱与白味噌酱筑起小墙，在铁板中央放上肉和葱。当加热的过程中红白酱筑起的小墙渐渐融化，铁板上食材的味道也就恰到好处。

中华文明这一普世性极高的文明形成的过程或许就与上述烹饪过程（？）[1]相似。

说极端一点，所谓的汉民族本是不存在的。我们可以大胆假设：最早来到这片可耕种性很高的大陆并定居下来的是掌握了先进的土器制作技术的民族；其次则是擅长青铜冶炼的民族到来，并建立起了殷王朝；而后，一支冶炼能力低下但却擅长政治、军事的民族到来，建立起了周王朝；随后则是掌握了铸铁技术的民族来到这里，他们让这片大陆的农业生产实现了飞跃性发展。在那个新兴地主频出的

① 全书括号及其中内容均为原作者添加。另：本书所有脚注都为译者及编者注。

乱世，原始农耕社会走向解体。

随后，产生于西方的游牧文明东移，在中国大陆上形成了一个大包围圈。与此相对，在长江水系将水稻种植发展起来的民族则将赋予大陆文明以多样性。

周朝时期游牧民族教会了古代中原人如何驯服动物。此前的中原文化当中只有车战，而游牧民族则教会了他们直接骑上马背，人马一体进行活动。另外还将皮靴、像雨披一样的军装上衣、裤装等服饰以及特有的储肉方法、食用方法传入了中原。

羌族曾在今天中国境内的丝绸之路上放牧，而后逐渐习得中原文化。被孔子视为儒家典范的周王朝其来源之一便是羌。而最先统一中国大陆的秦朝也发源于羌。

秦朝之后，汉朝兴起。

汉兴于刘邦（前 247—前 195）。刘邦生于如今江苏省丰县的一个农民家庭，而丰县既处在水稻种植范围的最北端，又处在小麦种植范围的最南端，即是说丰县处于两种文化混杂的地带。

长江流域种植水稻的地区在当时被称作楚，而楚的首领便是项羽（前 232—前 202）。项羽推翻秦朝后，将碍事者刘邦远驱至汉中封其为王。

汉中如今也是有名之地。汉中地处陕西省南部山间的小平原，也是入蜀栈道的出发点之一。可以想象，位于秦岭山脉与大巴山脉中间的汉中，在当时定未大范围受到中原文化的影响，反而是少数民族居多。而汉中的“汉”字之意远不止是这个诸侯国的名称，它还将成为这片土地上所有人的民族称谓。

从汉中攀登过去便是蜀，但蜀人也从事农耕。

不仅如此，因地处长江上游，蜀可能还是中国古代种植水稻历史悠久的地区之一。而从事水稻种植的主要是古代泰语系族群，如今也有很多他们的后裔居住在四川省。

虽然秦朝已将手伸向蜀地，但在刘邦受封为汉王时期进入蜀地的汉人规模更大。为与项羽抗衡，刘邦遂将拥有旺盛农业生产力的蜀与巴（均处四川省）据为己有。

蜀地以南的云南省现在还居住着很多少数民族，其生产与生活方式等传统文化与日本有某些相似之处。还有人认为绳文文化的一个分支与云南有着某种联系。尽管如此，无论在中国还是日本都很难说已经有了包括考古学在内的文化人类学视野下有组织的云南研究。

我们一行人在结束江南之旅后便去了上海机场，决定首先前往蜀地。

2 入蜀

四川省自古以来便有巴蜀之称。

巴蜀身处中国腹地。巴以现在的重庆为中心，蜀则以现在的成都为中心。

巴蜀山多，水流也多。降水汇集在这片广袤的山岳地带，形成了众多湍急的河流。而这些河流最终汇为长江（扬子江），滋润着中华大地。巴蜀之地可以说是中华大地的巨型水瓮。

不过我等此行的目的地不在巴，只在蜀。

从城市来说，我们的目的地是成都；从地形上来说，则是四川盆地。蜀虽然地处山区，但唯独四川盆地地势平坦，农耕发达。从诸葛孔明（181—234）大放异彩的蜀汉王朝起，这里就养活了大量人口。盆地面积约为二十六万多平方千米，能轻松装下四个茨城县[①]。

---

① 茨城县：位于东京东北部，属于首都圈，面积约为 6000 平方千米。日本行政区划中的县相当于中国的省。

蜀曾是偏远之地。

从人文层面来看也同样如此，因为蜀在中原的汉民族眼中是西南夷的居住地。汉民族大规模进入蜀地也是从《三国志》中记述的诸葛孔明时代才开始。刘备采用了孔明的“三分天下”之计，才带兵入蜀。此后，蜀也只是地方军阀的割据地，无论是政治层面还是文化层面，都是到宋朝才开始全面内地化的。

对来自平原的汉民族来说，入蜀不是走，而是攀爬。

前方的路重峦叠嶂，断崖上的不是路，而是蜀之栈道。所谓栈道，便是在断崖上凿孔架木修建而成的道路。唐代诗人李白（701—762）也曾赋诗道：

> 噫吁嚱，危乎高哉！
> 蜀道之难，难于上青天！

李白是西域商人之子，其容貌或呈波斯特征。其父因生意需要而来到蜀地，李白也就在这里度过了青少年时期。后于二十五岁左右心怀志向而出蜀，云游四方。他所咏叹的“蜀道难”实为有感而发。

> 天梯石栈相钩连。

此句描绘的便是蜀道之艰险。

而如今中国的国内航班则使得入蜀变成了一件异常容易的事。本来中国因其幅员辽阔以及地方经济的多样性而难以集中管理，历史上一旦中央政权力量衰弱，四川、甘肃等地便常常出现“独立政权”，但航空交通的发展则为这样充满地缘政治学色彩的历史画上了休止符。

成都有四川大学。

横川健就毕业于四川大学经济学院。我总是毫不见外地叫他“小健”。

刚认识他的时候，我就知道他毕业于四川大学，当时觉得那是一所特别遥远的大学。因为当时的我心里有种不符合时代的认识，总是在想蜀地也有大学了吗？当然，成都在中国也是排名靠前的城市，除自古已有的纺织业外，新中国成立后还发展起了钢铁、工业机械、通信器材、化学工业等产业，一举成为中国西南地区最大的新兴工业城市。这些背景知识我也还是知道的。

不过说起四川，我总会想起李白在《蜀道难》中咏叹过：

> 朝避猛虎，夕避长蛇。

如此的刻板印象不是那一丁点新知识能够抹去的。

小健的父亲有着渊博的知识和高超的专业技术，身为日本人他在新中国成立后却坚定地留在了中国，虽然现在生活在北京，但曾有一段时期任职于四川省成都市的机关单位。自然小健也就因此上了四川大学。他可不是因为对蜀国风情有所憧憬，攀登过“百步九折”（出自《蜀道难》）般的山路才去求学于四川大学的。但因为四川大学这个名号，刚认识他时我对他的印象便有了浪漫色彩。

而且，我多少还有些羡慕他。如果让我在如今这个时代重返青春的话，我肯定会很想去上四川大学。

中日文化交流协会的事务所的办公地点在东京都千代田区有乐

町的有乐町大厦里，而小健则是该事务所的一名工作人员。他相貌端正，为人稳重，中国人对他评价很高，他也因此而工作繁忙。不过此次蜀地之行我拜托了事务所所长白土吾夫先生，请求让小健同行。万幸，我的请求得到了许可。

出发前一晚我们住在伊丹机场附近的酒店，因为我要向同行的其他人介绍小健，于是跟他确认年龄。他的回答却使我十分惊讶，总觉得他还是个青年，结果却已过不惑之年。我有些惊慌失措，便向大家介绍道“这位是横川健老师”。小健听后白皙的面庞刷的一下变得通红，嘴角浮现出了少年般的羞怯。

有的人能把汉语说得特别优美，而在我认识的人当中，要说通晓中日两国语言、说得一口流利汉语且有着丰富的词汇量和出色的翻译能力的，没有几个能比得过小健。而且小健还懂四川话，这对其他省份的中国人来说都是件难事。

去成都则首先要去上海。

六月六日（昭和五十六年①）星期六，天气晴好。我们从宁波站乘坐列车前往上海，途中天就黑了。

到上海站是夜里十点左右，而到达住所锦江饭店则已经过了十一点。毕竟已是深夜，酒店食堂已经关闭。酒店方面安排我们到一栋看起来像是员工食堂的独立建筑中去，这才吃到了一碗面。这栋房屋里还有酒吧。以前住进来时应该是没有酒吧的。同行的几个人还去喝了点睡前酒。

① 昭和五十六年：即 1981 年。

次日，我睡了个懒觉，起床后觉得去食堂麻烦，便从包中取出供幼儿食用的饼干填饱肚子。出国之前上幼儿园的侄子给了我一盒算作饯别之礼，这便有了用处。

酒店房间的墙上挂着一幅淡彩画，画里有江南的白墙与小河，还点缀着若隐若现的桃花。静观此画时，张和平先生与横川健走了进来。

“是时候告别江南了。”

张和平先生说道。

站在一旁的小健露出了温文尔雅的微笑。我问他在那之后——青少年时期之后——去过几次四川。

“这还是第一次。”

这让我很是意外。因为工作的关系他应该来过很多次中国，没想到他竟未曾有机会去一下可以称得上故乡的四川。

正午，我们请到了马树庭先生（中国人民对外友好协会上海分会理事）来参加告别宴，午宴地点在上海历史悠久的酒店之一上海大厦的顶层餐厅。

虽然马先生等诸位才是我们主要款待的客人，但同时我们也不得不跟日方一行中的三人告别。涌井昭治、畠山哲明、铃木肇三位因工作安排不得不在此结束行程。

宴会中，涌井昭治站起来静悄悄地走到席末跟大家寒暄。平素跟文静的书生似的涌井昭治竟令人意外地引用了一句唐诗颇有气势地跟大家打招呼。我们几个人性格使然，做不到与人熟练地寒暄。我们当涌井昭治是同类，而他今天却出人意料地表现可嘉，这或多或少都让我们觉得遭到了“背叛”。问昨晚跟他住同一间房的畠山哲明才知道，涌井昨晚在房间虽然喝酒喝到凌晨三点，但却为今天的告别而准备了草稿。今天早上他睡得很熟，而他身边散落着一本《唐诗选》以及很多草稿纸便是证据。

餐后，我们便前去上海机场搭乘下午两点半左右飞往成都的航班。搭乘的飞机是一架中型中航程的三叉戟客机。中国国内航班屡见此机型，我想或许是中国民航对其情有独钟吧。

听说上海到四川成都有一千八百五十五千米，飞行时间为两小时十五分。

飞机终于开始加速起飞，不一会儿上海的街市就变小了。

不久后，客舱里响起了音乐。

知床岬角上
蔷薇吐芳时
请君莫遗忘
彼此往事

这是一首日本歌曲[1]。虽然我对自己的耳朵没有自信，但在我听来不像是在日本常听到的那位著名歌手的声音。不知这首歌曲是特意为我们几个日本乘客播放的，还是它本来就在常播放的曲目之中。

去往蜀地自古以来被称作“入蜀”。

在入蜀之际，我读了几篇古老的游记，包括宋代陆游的《入蜀记》、

① 歌曲名为《知床旅情》，原唱为加藤登纪子。中文歌词译者译。

宋代范成大的《吴船录》以及竹添井井（进一郎）的《栈云峡雨日记》等。竹添井井于明治九年（1876）从西安（长安）来到成都。他本是熊本藩士[①]，明治维新后在森有礼任公使时期供职于北京公使馆，在此期间入了蜀。

上述人物除竹添以外均从长江溯流而上，然后再沿着河流进入蜀地。

三世纪初，刘备得孔明献策，夺得蜀地后发展军力以长据于此。而入蜀时，刘备走的也是水路。

在入蜀之前，刘备及其军队则驻守在荆州。他们只不过是诸多势力中实力较弱的一支罢了。但心胸宽广的首领刘备，军师孔明、庞统以及忠臣勇将关羽、张飞、赵云等聚在一起，便足以让其他势力心生恐惧。

入蜀的并非刘备麾下所有兵力。在入蜀之前作为根据地的荆州所拥有的军事、经济层面的价值难以舍弃，若不留兵驻守必会被其他势力夺去。孔明与关羽故而主动请求驻守荆州。

荆州界内流淌着汉水，处于长江中游段，故船舶资源很丰富。组织船队时，他们绝对下了大功夫。刘备率军入蜀靠的就是船舶，他们编组大型船队溯长江而上，途经白帝城，而后抵巴（重庆），转而进入长江支流涪江，继续溯流而上直至涪（四川省绵阳市）。

从涪到蜀地首邑成都的陆路距离超过一百千米，路途遥远。因此，他们先在涪安顿下来，开始对地方势力做工作。

---

① 藩士：是对日本江户时代的从属、侍奉各藩的武士的称呼。

前文已经提过四川盆地的面积，而整个四川省的面积大约为五十六万平方千米[①]，比西班牙还要稍大一些。四川省人口已超过七千万，而西班牙人口则仅有五千多万。

飞机基本上按时抵达成都上空，下降到能看见地面景观的高度时，雾霭就像是从地面一涌而上的蒸汽般弥漫开来。从雾霭的裂缝才能看到若隐若现的平原、丘陵、田地以及小型灌溉池等地形与景观。

“这雾霭可真厉害啊。”

我跟小健这样说道。他端正的五官紧皱起来，像是在道歉一般应道：

“四川一直都是这样。”

或许是因为四川重峦叠嶂且水系发达，这里总是笼罩着大量水汽。如此说来，明治九年竹添井井的纪行也有所提及，和游记标题一样，行程中大部分时间都在下雨。

> 自入蜀，雨常居十之九。[②]

偶得晴天，他便满怀欣喜地写道：

> 出日杲杲，人马生影。

“是在下雨吗？”我问道。

横川摇头回答：

① 作者是在 1981 年游历四川的，当时重庆属四川省辖，现在四川省的面积约为 48 万平方千米。

② 文中对竹添井井（进一郎）所著《栈云峡雨日记》之引用均参考中华书局所刊《栈云峡雨日记·苇杭游记》（2007）之译文。此处意为十天有九天都在下雨。

“四川的狗看到太阳都会狂吠不止。”

据说四川的狗多见阴天少见太阳，看到太阳从云里探出头来便大惊小怪地叫个不停。不知这是四川人的自嘲，还是外省人的说笑，我想应该是后者。

3 蜀人之洁净

机身越来越靠近四川大地。

人们通常称成都一带为川西（四川西部）平原。雾霭像浴场的玻璃一样让这片土地看起来很是模糊，偶尔在雾霭的裂隙处才能看到浓郁的绿色。那原来是一大片水田。房屋聚集在一起，看起来像是种植水田的农村，而且每个村落都有竹林。

“小健有多久没来过四川了啊？”

我向横川健询问道。

“有十八年了。”

乘客们腰上都系着安全带。飞机上的外国人除了我们几个日本人外，只有一个人看起来像是美国人。他满头白发，身形偏瘦，外貌看起来像是头脑灵敏的知识分子，和我在照片上看过的欧文·拉铁摩尔（1900—1989）教授很是相似。不消说，拉铁摩尔教授自然是中国边疆研究者中的顶级学者。

“那个人该不会是拉铁摩尔先生吧？”

我问横川，他稍做思考后摇了摇头回答说他不太清楚。

然而我后来在机场航站楼看到那人走路生风，一点也不像年过八旬，想必是认错人了。

仅是相貌相似便让我联想到了少数民族研究者拉铁摩尔教授，这是因为我先入之见中有着对四川的基础印象，那就是四川在历史上本来就是少数民族聚居的地区。除此以外再没有别的因素能刺激我产生此种联想了。

乘客绝大多数都是中国人，感觉都是因公出差的人士。其中当然也应该有土生土长的四川人。

“能从长相上看出来哪些是四川人吗？”

我向横川询问道。

“能，四川人的长相有一些特征。”

他说四川人头型偏圆，眼睛也圆溜溜的。我脑中浮现的形象则是双眼皮、椭圆形的眼睛，像栗子一样的脸型。

“四川人眼神锐利吗？”

我这么问是因为横川的描述让我联想起泰国人的长相。很久以前就有古代泰语系的稻作民族居住在四川、云南，如今也作为少数民族散居在四川、云南两省各地。数千年来的民族间的通婚，才有了如今人们对四川人容貌的共通印象。

“不，眼神并不锐利。就只是眼睛大，眼珠圆溜溜的。”

“要是从我们都认识的朋友或熟人中挑一个，谁最符合这样的样貌特征呢？”

"Y 先生。"

他带着好意，立刻给出了答复。

下飞机后，有五个人在机场航站楼前迎接我们，分别是张惠明、李本初、周克芹、熊庆娟、李乾祥。他们是当地作家协会的会员或是对外友好协会的重要人物。

熊女士皮肤白皙，年龄在四十岁上下。她身着藏青色人民服，服装整洁得像西装一样，给人一种日本公立高中英语学科主任的感觉。她的双眼皮很明显，眼睛是椭圆形的，脸的轮廓如同栗子的形状，说她是 Y 先生的姐姐也不为过。跟她握手时，我忍不住问她：

"熊女士祖祖辈辈都是四川人吗？"

"是的。"

熊庆娟女士面带笑容回答道。后来吃晚饭的时候，她又问我：

"先前在机场的时候，我们明明是初次见面，您是怎么知道我是四川人的呢？"

此时她脸上的笑容如学生般天真无邪。而我又没法跟她说因为她长得像我们在日本的朋友 Y 先生，然后再解释一大堆十分复杂、由面相辨人的理由，所以当时只是随口回答道：

"直觉罢了。"

仔细一想，这还是我第一次接触熊姓的中国人。然而出乎意料的是，熊姓并不罕见。1921 年，上海商务印书馆刊行了一本厚重的《中国人名大辞典》，翻开这本辞典就能发现熊姓比想的得要多。辞典里写道，熊姓人士做官显名于世始于宋朝，这比我预想的要稍晚一些。日本人所熟知的汉籍多出于宋代以前，在《史记》《三国志》当中都没有出现熊姓，因此才让我觉得这是一个罕见的姓氏。熊姓之人多出生于长江流域，所以熊庆娟女士的祖先或许也是从长江流域迁入四川的。

熊姓也来到了日本。

江户时期，长崎奉行①之下设置了荷兰通词与唐通事，两者均为口译官兼商务官之官衔。虽然这是幕臣②的一种，但与江户町奉行之下设置的与力、同心③等官职相同，并非正规的幕臣，而是相当于地方官吏的级别。

有很多唐通事原本是中国人，清盛明衰后，大量明朝遗臣、遗民渡日并归化，其中有学问的人便成了长崎奉行下属的唐通事并世袭下来。据说这样的唐通事总共约有七十户人家。

宫田安所著《唐通事家系论考》（长崎文献社刊）还专门列出一项“以熊姓人士为祖先的神代氏家”，对其历代人物进行了详细考证。从这一家系来看，画家熊斐、茶人神代松荫（俗称四郎右卫门）均出于此。然而，《神代家过去账》却并未提及其始祖人物是从中国哪个地方来的这一关键问题，我也无从考证。宫田氏以该家系常说南京话为由，认为其“祖先应该是来自中国的江苏、安徽或江西”。日本研究人员称，日本人由东亚诸民族混血而来，而混血也存在于近代，现在也还在继续。

① 奉行：日本武士执政时代的官名。镰仓幕府以后用作衙门长官的官名。

② 幕臣：幕府的臣下。

③ 与力、同心：与力（捕吏），江户幕府的官职名，尤以江户的町奉行属下的町与力最为有名，负责江户市内的行政、警察和审判工作；同心，江户幕府的下级官员，在与力之下，主要负责庶务、警察等工作。

一辆小型巴士在机场等候着。来迎接我们的一行人站在最前面的便是对外友好协会四川省分会副会长张惠明女士。她留着一头短发，刘海三七分，像幼儿园园长一样，总是温和地微笑着。

“从机场到成都市区有多少千米呢？”

坐上巴士之后我问道。

“向北行驶十八千米就到市区了。”

车窗外灰云低垂，绵延的绿野像是披上了一层纱，看起来有些模糊。农家房屋的轮廓也像是隔着雾水一般不甚清晰。

“今天天气不错，真是太好了。”

张惠明女士一本正经地说道。

“最近雨下个不停，今天总算放晴了。”

原来这样的天气在四川算是晴天。

沿路连绵的行道树都是树龄十年左右的桉树。我问张惠明女士这树在这边叫什么，她说叫“桉子”。

两侧的行道树背后都是一望无垠的原野。和其他省份不同，这里有很多用稻草做顶的房屋。有的农家房屋还像极了日本东北以及北陆地区常见的曲屋（从空中俯瞰呈直角弯曲结构）。

农家周围总是会有茂密的竹林或竹丛。有人认为日本是竹文化国家，实际上四川省才更称得上是竹文化之乡。从种类上看，四川一省竹子的种类就比日本还多，有一百种左右，对竹子的使用方法也多种多样。

屋畔竹丛疏，枝叶幽风拂，是日暮。（《万叶集》第

十九卷四二九一・大伴家持）

我想起了这首和歌。

竹子为四川这片土地点缀了斑驳的绿色。有的是竹影稀疏，有的则是遮门闭户的茂密竹林。

插秧的时节已经结束了。

张惠明女士说近二十天断断续续的小雨不会给庄稼带来什么好的影响，她的声音里带着一丝忧虑。

我听说水稻在生长期间需要充足的光照。而令我诧异的是，在四川这种总是雾蒙蒙的地方居然也有很好的收成。

“农作物除水稻、小麦、油菜之外还有烟草、麻类、豆类。”

而且现在经过的田地是一年两熟，再往南还有一年三熟的田地。刘备、诸葛亮等确实是该来这里建立蜀汉，我想。只要有了这些收成，那就足以养活一个差不多能与魏、吴相抗衡的蜀国了。

这一带冬天也很温暖，成都附近即使冬天气温也不会降到零下。夏天也不会太热，即便是酷暑时节温度超过三十度的日子也寥寥无几。四川省本就很广阔，西接青藏高原的地区似乎都不会有像样的夏天。

“四川省人口大约有多少呢？”

我就这么随口一问，结果却让我大吃一惊。我手头上的资料已经过时了，如今四川省人口已达九千八百万，在各省份中位居第一。[①]

人口增长是中国政治层面最大的难题。如果放任人口继续增长，

① 本文是作者 1981 年游历四川时所写，此处数据为当年数据。

政府终将无法养活人民。

二十世纪八十年代后，政府致力于普及计划生育。

“四川省因实施了计划生育指导，去年（1980）人口增长率终于得以减缓。”

她以百科辞典般的叙述向我们讲解道，还给出了减缓后具体的增长率数字。

虽说四川省的面积基本上等同于西班牙，但其中绝大部分是山区，平原面积只占百分之五六。汉族居住在这百分之五六的平地上，而少数民族则主要居住在山间峡谷或盆地里。四川省世代居住的少数民族有十四个，但其人口数量少，在全省人口中所占比例还不足百分之三。

终于我们到达了成都市区。

刚进入市区时，沿路都是老旧的中式木造房屋。

巴士穿过老城区后，便来到了锦江（严格来说是锦江的支流南河）河畔。过了桥便是新城区。公园与大厦错落有致，营造出了一片新鲜的都市空间。与巴黎等欧洲城市相同，新中国也采用了保留老城区的同时在周围打造新城区的方式。

我们入住的地方是锦江宾馆，房间位于酒店六层。我到房间放下行李，眺望窗外成都傍晚的景色，看到了很多树木。而眼前流淌着的便是成都的象征之一——锦江。

诸葛孔明当然也曾看过这条江，然而或许是因为受到了工业区废水的污染，河水的颜色与我想象的不同。

横川站在我左侧，神情茫然。我问他重游故地有何感想，他却摇了摇头。

“完全变了样，哪里还是什么故地。”

他叹着气接着说道：

“十八年前这里的房子都还很简陋，城市还不怎么整洁。但唯独锦江的水非常洁净，毕竟是用来洗涤蜀锦的水。以前的河水清澈泛光，才不像现在这么灰暗。”

如今，至少从锦江宾馆一带来看，城市景观已经变了模样，与东欧国家的村镇相似。

旅行家山川早水于明治三十八年（1905）三月从神户港出发，经上海入长江，溯流而上进入蜀地。其著作《巴蜀》（明治四十二年成文馆刊）中指出与当时中国各个城市相比，成都的街道最为洁净。

余所经诸城中，未见有如成都者。

《巴蜀》一书认为从洁净这一点来说，成都与北京相比也“远在其上”①。今日之中国与昔日相比，在卫生与清洁方面的文化发生了很大变化。以 1905 年的标准来看成都很洁净，这不失为思考蜀人秉性的条件之一。

① 文中对山川早水所著《巴蜀》之引用部分参考四川人民出版社所刊《巴蜀——一百年前一个日本人眼中的巴蜀风情》（2005）之译文。

4 蒟蒻问答

蒟蒻是日本的一种奇妙食品。

仔细想想这种食物还真是让人摸不着头脑。其成分基本上都是水，本身也没有什么味道。若要问日本人是否正是因此才喜欢吃，那也不好说。总之，无论是酱烤串、关东煮还是正月的红烧菜肴、车站贩售的幕间便当[①]，甚至是寿喜烧都少不了蒟蒻陪衬。它对味觉之协调起着很大作用。

蒟蒻还可以切得像纸片一样薄。把它切成河豚刺身般模样，再仿照樱花花瓣的形状贴在盘子上，那半透明的颜色恰到好处，味道有时甚至比品质欠佳的河豚刺身更胜一筹。不过，蒟蒻吃再多也不会给身体带来多少营养。从营养学角度来看，吃蒟蒻不过是徒劳无功的咀嚼下咽。而日本人却为此种无用功增添了一些滋味，并从中

---

① 幕间便当：本为戏剧幕间休息时食用的盒饭，后泛指将撒有芝麻的饭团以及煎鸡蛋、鱼糕、烤鱼、腌渍酱菜等混装在一起的盒饭。

获得愉悦感。若要深入探究日本人的生活，或许能从这里发现一些关联。

我有时候吃炒豆子会吃得停不下来，一边吃一边还会思考。（还会有其他民族像我们这样吃着如此荒唐的东西而倍感愉悦吗？）无论是大豆还是蚕豆，晒干之后即便是炒来吃也不会有什么特别的味道，但只要一吃起来就会让人欲罢不能。以前，我们这代人还小的时候，小酒铺的柜台上都会放上一盘盐豆子，那是专门给来打酒的客人免费提供的。那豆子也没有什么味道，其实就是吃一个嚼劲。

无论是炒豆子还是盐豆子，其诱人之处就在于有嚼劲。豆子嚼起来的脆响在头盖骨内回荡。我们享受的难道不就是这种骨头的回响吗?

中国很久以前就将味道分为五种——甜、酸、咸、苦、辣，但其中并没有“嚼劲”。

法国菜也同样如此。

在巴黎不可能会有餐厅向客人推荐说：

“这道菜比较有嚼劲，别有一番风味。”

泽庵腌菜[①]同样好在有嚼劲。从前，在日本人的饮食生活中，咸味菜肴只是用来下饭的副食,吃得很少。虽说泽庵腌菜属于咸味菜肴，但如果只是咸，它也不会有现在的名声。在食材有嚼劲的基础上加上咸味，这才造就了泽庵腌菜。日本人喜爱它，也是因为享受咀嚼时上下颌骨之间的回响。

---

① 泽庵腌菜：在晒成半干的萝卜上加米糠和盐，并用石块压住制成的腌菜（由泽庵和尚所创）。

干青鱼子也属于这类食品。干青鱼子要蘸了酱油吃才会有味道，也就是说吃干青鱼子相当于在吃有嚼劲的酱油。日本人吃干青鱼子就是为了享受那种不同于炒豆子、泽庵腌菜的嚼劲。日本人的味觉文化还真是与众不同。

蒟蒻之所以诱人，或许也是因为有嚼劲。而这种嚼劲不同于仙贝的酥脆，不同于炒豆子的干脆，也不同于干青鱼子带颗粒感的爽脆。尽管蒟蒻很容易嚼烂，但它又给人一种齿间摩擦的独特口感。

蒟蒻的历史可谓是难见其真面目。大多数书籍尽管均记载蒟蒻自古有之，但也仅限于此，并未进行实际考证。

某百科全书中蒟蒻一项写道：

> 芋科多年生草本植物。相传原产于中南半岛（注：存疑），我国自古（注：并未记载具体从何时开始）就有栽培，如今在东洋各岛也有广泛种植。

以前我就对蒟蒻很有兴趣，抓到对这方面比较熟悉的人就会问蒟蒻到底是从何而来，但却没有一个人能回答我。

另外，只要我去中餐厅我也都会问厨师：

“中国有用蒟蒻做的菜吗？”

他们有的说“没有”，有的说“中国人不吃蒟蒻”，还有的说“没听说过还能用蒟蒻做菜”。简言之，从他们的回答来看，似乎中国人就是不吃蒟蒻这种古怪的东西的，既没有营养，也不像竹笋能帮助消化。

然而令人困扰的是，蒟蒻[①]一词在日语中却是汉语词[②]。

——所谓“我国自古就有栽培”中的“古”如果是指汉字传到日本以前，那么这种植物（或食物）就应该有对应的和语词。然而纵观今日之日语，包括方言也都没有和语词存留的痕迹（方言中虽然存在 kongyaku 或 konnya 等说法，但很明显是从 konnyaku 讹变而来）。因此，认为蒟蒻是从中国传到日本来的较为稳妥。

当然，我们也无法断定“蒟蒻”这一外来词在日本生根之前日本就没有这种东西。

绳文时代的日本人大量食用采集的果实以及种植的芋类。蒟蒻则属于芋科，现在还无法确定当时的人会不会挖出球茎（蒟蒻头）来食用。我没有试过生吃（或是晒干制成粉末再吃）好不好吃，所以也无法做判断。

蒟蒻头（球茎）遇水便会很快融化，变成糊状。现在用来黏东西的糨糊也是很久以前就开始为人所用。如果很久以前蒟蒻是以其他名称存在的话，那么说不定那时的人们就是把它做成糊状来食用的。

而这种糊状物遇碱则会快速凝固，凝固之后就变成了我们吃的蒟蒻。

中国至少从汉代开始便大量使用石灰。在如此漫长的历史中应该会有人偶然将石灰碱与糊状蒟蒻混合在一起，然后发现此种混合能够实现凝固。

---

① 蒟蒻：日文通常写作こんにゃく・コンニャク（音为 konnyaku），但也可用汉字表记为蒟蒻。

② 汉语词：日语词汇主要可分为和语词汇、汉语词汇以及外来语等。

凝固之后的蒟蒻大概就这样成为一种食物。

此次中国之行，我在江南地区见人就问“你们吃蒟蒻吗？”，同时还把“蒟蒻”两个汉字写出来给他们看。然而所有人都对我摇头，说不认识这两个字。

去了蜀地——四川省之后或许能见分晓吧！

我心里涌出如此期待，是因为看了诸桥辙次所著《大汉和辞典》对“蒟蒻”的解释。

西晋时期（265—316）有一位叫左思（约250—305）的优秀诗人。他出生于临淄的一个儒学之家，接受过良好教育。其妹左芬偶然被召入宫，他也迁居至首都洛阳。

左思创作过不少韵文，其创作速度之慢广为人知。他在家里所有的地方——包括厕所里面——都放有纸笔，只要脑中闪过自己满意的词句便立刻记录下来。

《三都赋》是他的代表作。

对左思而言，三国（魏、吴、蜀）已是上一个时代。三国的旧国都在其王朝灭亡之后也繁荣依旧。魏的国都在邺（河北省临漳县），吴在建业（江苏省南京市），蜀在成都（四川省成都市）。左思以韵文中的一种——赋的形式描绘了三个国都的昔日光景。他花了十年时间才完成创作。

当时的左思还没有名气，因此请了皇甫谧等著名文人为其作序，而后将文章公之于世。文章大受好评，人们争相抄写，洛阳的纸张还因此涨了价。《晋书·文苑传》中记载道“于是豪贵之家竞相传写，洛阳为之纸贵”。如今我们所说的“洛阳纸贵”便出于此。

而《三都赋》的《蜀都赋》中就出现了“蒟蒻”一词。

其园（注：田地）则有蒟蒻、茱萸（注：吴茱萸）。

文章还在注释中对蒟蒻作为植物的特征进行阐述，并注蜀人将蒟蒻头“以蜜渍而食之”（用蜜腌渍之后食用）。此外，对土里的球茎还注有“头大如斗，其肌正白”之描述。

以灰汁煮则凝成。……蜀人珍焉。

注释中还有如上记述，也就是说四川人至少从三国蜀汉时期就开始食用蒟蒻并视之如珍宝。至于食用方法，则有“可以苦酒淹食之”之记述。所谓的苦酒其实就是醋。三国蜀汉时期到晋朝（晋之后或许也还在继续）的四川人用蒟蒻蘸醋吃，那实在是令人心情舒畅的味觉体验。

如前文所述，“蒟蒻”一词在日语中是作为汉语词保留下来的。在日本，几乎所有汉和词典都能查到这个词。然而，我手头的几本汉语词典却查不到这个词（后来才有人告诉我有其他汉语词典能查到）。

到达成都的第二天晚上，我们去外面吃了晚饭。

从我们的住处锦江宾馆走过去只需要十五分钟，一路上的街景不如日本的城市那般明亮。路灯分散伫立在路旁，在灯光照不到的地方，黑暗亦有着如皮革般的光泽。这明与暗的交错，不知怎的让我忆起了伊尔库茨克的夜晚。

那天晚上是去和中方人员聚餐。中方有熊庆娟与李乾祥两位是四川人，我拜托横川健问问他们知不知道蒟蒻。横川虽然说得一口流利的汉语，要把蒟蒻这个东西跟对方描述清楚也费了不少周章。说到底，蒟蒻本就没有什么颜色，画也画不出来。过了许久熊女士才回答道：

“有。”

她几乎是大叫出来的。

“你说的是魔芋豆腐吧。或者叫雪魔芋。”

熊女士把汉字也写了出来。

“我们吃，不过也就只有四川人吃。”

至于怎么用它来做菜，她就不太能说清楚了。不过反正我们之后也要去灌县，那边还有野生的魔芋，所以决定先跟灌县那边联系好，让那边在午餐里面准备一些用魔芋做的菜。

灌县[①]位于锦江上游的山麓地带。据说蒟蒻适合生长在湿度高的山间斜坡，而灌县的地理条件就非常适宜蒟蒻生长。会不会蒟蒻本来就不是汉族的食物，而是山间少数民族的食物呢？我突然有了这个想法，大抵不会有错。

后来我们到访灌县时却没有吃到用蒟蒻做的菜，原因是不应季。在日本，人们都是把蒟蒻头进行干燥后保存，因此没有应不应季这一说法。而在四川灌县，人们对其需求似乎没有强烈到要进行干燥保存以便随时食用的地步。

四川人之所以用蒟蒻做魔芋豆腐，定是因其做法和豆腐有相似

---

① 灌县：今都江堰市。作者 1981 年游历四川时，此地尚未更名，1988 年更名为都江堰市。

之处，都需要加碱进行凝固。

为保周全，我查阅了昭和九年[①]刊行的《大辞典》（平凡社刊）。这本辞典将古语、职业用语、方言、隐语、外来语均纳入其中，是收录词条最多（七十余万词条）的日语辞典。我查阅了“蒟蒻”一项，竟有“魔芋”这一别称。另外，我还查阅了清水桂一编著的《食物词源辞典》（东京堂出版社），“蒟蒻”一项同样载有“魔芋”之别称。

日本室町时期，禅僧流行到中国留学，因此宋语、元语大量进入日语。或许“魔芋”这一四川话词语也是那时混入日语的。

此外，日本自大正时期起就断断续续从中国进口蒟蒻头。我还问过位于东京神田的日本蒟蒻协会，他们也说“蒟蒻”一词在中国并未被广泛使用。中方使用的品名为“芋角”。尽管难以置信，但芋角指的就是槟榔芋[②]（香坂顺一编《现代汉语辞典》）。槟榔芋是住在南太平洋诸岛的人们自古以来就在食用的芋类。或许是因为在日本没有词语指代作为植物的蒟蒻（或是没有得到广泛使用），人们才用“taroimo”这一名称进行代指。

简言之，中国人一般不吃蒟蒻。在庞大的汉文化遗产中也只有左思的文章里面出现了“蒟蒻”一词，而日本则将这一如化石般古老的汉语词语留用至今。

---

① 昭和九年：1934 年。

② 槟榔芋：日语为タロイモ，音为 taroimo。

5 成都漫步

“四川省经常下雨哦。”

住在江南的中国人曾对我这样说过。四川省似乎确实多雨，但下雨的方式有些不寻常 ——“巴山夜雨”。前文已提过“巴”指的是重庆一带，而以成都为中心的平原之地——蜀同样处于四川省自然地理范围内，因此也是“巴山夜雨”。这里的雨通常是下在夜里，所以白天出门基本上不需要带伞。

晚上，我们一行人在成都街头散步。

我们住的酒店就在锦江河畔。酒店前有个十字路口，斜穿过去就是河畔公园。公园的构造和大阪的中之岛公园很是相似。进入公园后能看到老人坐在长凳上，壮年聚在一起闲聊，偶尔还能看到青年男女相互依偎在树荫里。

公园里种着各种各样的树，比如我们走的小路两旁就种满了夹竹桃。我们在这条小路上碰上了好几对在树荫里打得火热的男女，于是慌张地换了另一条路。

蜀成为秦之领土是在秦始皇之前。秦惠文王（前 356—前 311）派遣将军司马错征服了四川盆地。成为秦的领地之后，成都才建起了我们现在漫步的这座城。《战国策·卷三·秦一》中记载道：

> 蜀既属，秦益强富厚，轻诸侯。

即是说战国时期的秦领先于其他诸侯国变得强大起来是在得蜀之后。

秦得到了四川盆地这一粮仓，因此能养活更多的士兵。其治所就在成都，故成都作为城市的历史可追溯至公元前。后来，在这座城市的天空之下，无数人邂逅并经营着自己的爱情，如今在夹竹桃林的树荫里，这一切也还在继续。

到了汉朝，成都的城市规模继续扩大，新建了城墙，城门也增至十八处。从城门数量便可想象城市之大。

三国时代，成都继续发展。到了唐代，成都已经具有很大的城市规模。

五代十国时期，后蜀第二代皇帝孟昶（919—965）据说特别喜欢花，于是在环绕街市的城墙上种满了芙蓉。到了开花的季节，即便从城外望去也能看到如彩霞般美丽的花朵。关于孟昶还有这么一段故事。孟昶有一个妃子才貌双全，擅长作诗，孟昶称之为“花蕊夫人”。国亡，孟昶亦死，“花蕊夫人”则被宋军掠去。但她至死也未曾忘蜀，还制作了孟昶之像日夜供奉。仅凭些许史料很难想象孟昶是怎样的一个男子，但如果考虑到他曾种花饰城，还有后宫妃子为之倾倒，多少会给人一种他是个爱好艺术的末代皇帝之印象吧。

蜀之经济实力随着朝代更替不断发展。据说到了明代，或许是因为人口猛增，不仅城墙又扩建了一圈，而且耸立在城墙上的建筑屋顶用的都是釉瓦。

走得有点累了，于是我们回到酒店附近，去了坐落在十字路口的一家茶馆。

这家茶馆从结构上看类似巴黎一带的咖啡厅，室内室外都有桌椅。但是所有设施都很老旧，看起来不怎么干净。

我们选择了露天的茶座。桌子是用混凝土做的，桌子下面散落着一地的瓜子壳。

中国北方以及西北地区丝绸之路沿线的人们会把葵花子炒来吃。苏联[①]以及西亚地区也会吃葵花子。

据说葵花子原产于中美洲，哥伦布发现美洲之后将其带回了欧洲。因此，葵花子应该是从西方传入中国的。四川人尤其爱吃，先前散步时我还看到有情侣背对夹竹桃林坐着吃瓜子。

我们所坐的露天区域与道路之间隔着一道混凝土做成的栅栏。

回过神来才发现栅栏边已经挤满了人，还有两三个人已经把上身倾斜到了我们的桌子上方来。

不仅如此，还有一个年轻人走到我们身边来。他竟然用日语跟我们搭话，这让我吃了一惊。

我问他："你在哪里学的日语啊？"

① 作者写作时，苏联尚未解体。

他回答说算是自学。他是一名工人。

他还说跟我们搭话，是想用学过的那一点日语跟我们练习对话，再多学一些单词和表达方式。

“成都有很多年轻的工人想学日语。”他继续说道。我想他们的动机倒不是对日本有多大兴趣，而主要是期待学习日语能够帮助他们更换工作吧。

“能不能去拜访一下您住的酒店呢？”他问道。

“有什么事吗？”

“想学习日语。”

虽然我很想答应他，但今晚还有别的事情，所以无法满足他的愿望。

中国人还真是多种多样。

站在栅栏旁的这些人也是各式各样，看出我们是日本人的只有前面提到的那个学日语的青年工人，而其他人似乎看不出我们是哪国人。

他们当中成都本地人意外的少。一个中年偏老的工人说自己是从湖南来的，还有人说自己是大概二十年前从江西省过来的。

“你们觉得他是哪里人？”我指着画家须田剋太问道。

一个五十岁上下的工人满脸笑容地回答道：“法国人。”

他似乎不太知道西洋人的容貌特征，仅凭服装在判断。通过服装和持有物来表现人物的身份、性格和能力等，是京剧常用的手法。须田画家这三十多年来一直穿着美国底特律汽车工的作业服。这位中国工人一定是把这种奇特的穿衣风格和他听闻的法国人形象画上了等号。

我满头白发，他似乎认为白头发的人就是澳大利亚人，所以说我是澳大利亚人。

中国曾有过一段时期频繁从澳大利亚引进建筑技术。我想一定是那时有个白头发的澳大利亚人来过成都，在他所属的工地监工，他才会这样想。

“这个人又是哪里人呢？”我抓住长谷忠彦的手腕问道。长谷穿着工作服，显得很有精神，也很有摄影师的风范。

“长得像杜丘。”人群里有人喊道。我一开始并不知道他说的是谁，后来横川健告诉我那是日本电影《追捕》当中主人翁的名字。想必这部电影也在成都上映过。

“演员是谁啊？”我问横川，他说是高仓健。我个人认为高仓健是日本电影传统之中最后一位优秀的大演员。但长谷的长相和高仓健还是有区别的，两者只是在服装上有着相似的粗犷风格。

“也就是说你觉得他是日本人对吧？”

“对。”有人回答道。此时在成都的这个茶馆，有人认为高仓健是日本人的代表性人物，他觉得着装有摄影师风范的长谷忠彦长得像高仓健，故认定其为日本人。

在成都期间，和成都本地人聚餐的那个夜晚很是愉快。

我们一行人前去的大众饭馆名叫芙蓉餐厅。在去饭馆的路上，我从横川那儿得知饭馆名字之后有些惊讶，没想到现在的成都还保留着后蜀（虽然不是什么了不起的王朝）后主孟昶喜爱芙蓉的传统。

“成都人都喜欢芙蓉花。但芙蓉花开在七月，所以现在还只能看到花骨朵。”横川说道。

以我的个人爱好，我并不喜欢芙蓉花，总觉得有些轻佻俗气。当然，如今的洛阳人喜欢牡丹，成都人喜欢芙蓉，此种城市文化的表现方式并没有什么不妥。

“小健，你觉得那花好看吗？”

听我这么一问，他并未立即表达自己的意见，而是说起了还在四川大学上学时候的往事。

——在成都有“那姑娘像芙蓉一样”的说法，意思是“从远处看漂亮，走近了看也就没那么好看了”。

既然成都民间有这么一句惯用语，那说明成都人喜欢芙蓉已经成为一种民俗文化。他们越是尊重芙蓉花，那么对芙蓉的喜爱就越像川菜，会夹带辛辣之味。

与我们共进晚餐的温少峰先生让当天的餐桌显得格外热闹。

温少峰先生刚迈入老年阶段，他毕业于四川大学物理系，现在位居交通部门的行政要职。他靠自学研究起中国历史，可以说是博览群书，还能旁征博引。古文献的关键部分能够立刻背诵出来，而且只要起了头就停不下来。

另外，他的四川口音也非常重。要是没有从四川大学毕业的横川在，恐怕让日本哪个汉语学者来估计都只能靠笔头交谈了。

温先生认为“羌族（居住在四川省等地的藏系少数民族）才是古代汉族的祖先”，对此我强烈赞同。

羌字是上羊下人，由此也能知道羌是曾经居住于中国西北部（如今也存留于西北各地）的古代畜牧民族。

甲骨文（殷代用于占卜的龟壳、兽骨上刻画的文字）中出现过的少数民族就有羌。

从文献上看，羌开始留下活跃的痕迹是在汉代。汉代的羌已经脱离朴素的原始性畜牧，成为游牧文明中的一员。他们归属于匈奴，不断对汉民族的农耕文明圈实施打击。时至今日，他们仍被称作羌族，四川有很多羌族村落。

不过令人遗憾的是温先生的博学仅限于古文献，无法触及当下的实际情况。

"如今的羌族生活在四川哪里，又过着怎样的生活呢？"从文化人类学层面研究中国少数民族的国立民族学博物馆副教授松原正毅反复问道，但温先生却无法从缥缈的古文献世界中轻易下凡。温先生能够读懂甲骨文，而松原本为考古学出身，年轻时也接受过甲骨文的读写训练。但两位似乎对甲骨文的解读方法有分歧，我在一旁听来觉得甚是有趣。而以田野调查为研究学问之方法的松原还是坚持不懈地询问如今羌族的现状。

不过温先生还是不肯从古文献的世界里出来，就这样晚餐结束了。

餐桌上还有另外一位对温先生来说理应也很重要的人物，那就是同志社大学考古学教授森浩一。

森教授一开始听温先生的谈论时眼睛里放着光，但后来却渐渐埋头专心吃起晚饭来。森教授做考古学研究也最重视现场，而且其学术风格是将现代人的生活也纳入视野中一并进行考察。森教授在听温先生谈论的过程中似乎察觉到此人口中的"羌"只是文献里的羌，他并不追求文献与现实中羌族的联系。

然而松原还是不肯放弃。

他邀请温先生来酒店，借用横川的房间继续提问。

——现在到底是什么情况呢?

他就问这一个问题。

温先生的回答引自古文献，因此翻译能力超群的横川也无可奈何。最后还是我打开了笔记本，让大家用笔头交谈。这场不合拍的交谈持续到夜里十一点才结束。

我们明白了温先生对少数民族的传统生活完全不感兴趣。或者说在温先生眼里就没有民俗学、民族学、文化人类学这些东西，他一直坚持历史止于文献这一立场——他甚至不明白松原为什么要提那样的问题。总之，这几个小时他完全醉心于引证自己的观点（当然，温先生是一位出色的自学者，其观点与现在中国研究历史方法的普遍倾向并无任何关系）。反正我们几个是度过了一个汗流浃背的夜晚。

温先生回去之后，已经准备就寝的森浩一教授摸着肚子从对面房间走进来。他似乎已经洗完了澡，脸上泛着红光。

“结束了啊？”他笑着问道，表情如古代的隼人[①]一般，而我们则无言以对。

① 隼人：古代住在日本萨摩、大隅的人们，以敏捷、勇敢著称于世，常发动叛乱。

6 随风飘扬的海椒之味

我想再接着聊一聊四川人温少峰先生。

与其接触之后我就很清楚地知道他是会因为讨论学术问题而忘记吃饭的人。

温先生一旦兴奋起来就会说起纯正的四川话。四川话与其说是方言，不如说是唐代古音的留存。能听懂四川话的横川健也说四川话发音和日语汉语词汇的发音相似，我自己也能体会到一些。

日本汉字的发音最开始是吴音，经由朝鲜进入日本。到了奈良时期，汉音（来自唐朝长安）又传入日本。再后来到了镰仓、室町时期——这是第三次浪潮——留学归来的禅僧又将宋音带回日本（西瓜、行灯、行脚、塔头这类便是宋音）。日语简直就是历代汉语发音的“博物馆”，想必研究唐韵之人也需要对日语汉音有所了解。另外四川话的发音或许也能为唐韵研究提供强有力的材料。

只要温先生一激动，我们就得接受一番四川话的洗礼。虽然我听不懂是什么意思，但单纯从发音来说我感觉“kan”的音非常多。

所谓“侃侃谔谔”，就是说“理直气壮说话正直”。先不管它是什么意思，会不会这个词一开始就是一个拟声词呢？我半开玩笑地思考。温先生不停地说着四川话，我听着像是听到了无数次侃侃谔谔的音。

前文已经提到过温先生是学物理出身的，也是四川省交通部门的负责人。同时，他也是历史学家，兼任四川大学历史学讲师。他还是前来机场迎接我们的熊庆娟女士大学时代的恩师。

温先生确实是博览群书，从甲骨文到《庄子》，古文献中有关当时未开化民族及其生活的只言片语他都从头到尾梳理了出来，真是令人惊叹。

当然，他也不是没有缺点。

他只看重文献。日本学术界所说的民俗学以及文化人类学的研究方法他都没有用到。

比如，他虽然一直在谈论古典文献中的羌，但对于其后代也就是保留了些许古老习俗的少数民族羌族，他可以说是完全没有去现场进行过考察研究。

要说中华思想，比方说新中国成立前，无论是北京大学还是其他学校都没有研究或教授日本文学、日本历史的学科，即便学识渊博的人也都不知道《源氏物语》。大约从十九世纪起，中国（当时是清朝）开始对日本抱有极大兴趣。不过那是对接受了西洋文明之后的日本有兴趣，而不是对那之前的日本有兴趣。

如今，类似的情况也还在继续。尽管现代日语的教育在北京大学、辽宁大学以及其他学校开展得如火如荼，但我从来没有听过有谁在研究日本的古代典籍。

当然也没有日本史这个学科。①

我曾与毕业于北京大学、北京外国语学院通晓日语的四位专家一同旅行。晚上坐火车时他们让我讲讲日本的历史。结果，在我说到日本近代的开端明治维新时，他们问我主导人物是谁。回答这个问题需要他们先了解明治之前日本社会的特性。这不是说出主导人物就能了结的问题。

“严格来说没有主导人物。”我只能这样回答，“只能说是很多人一同参与的。”

尽管我这样说，他们还是非要让我说出两三个代表人物。于是我就把当时立刻想到的西乡隆盛以及大久保利通说了出来。然而，四位通晓日语的中国专家都没听过这两个名字。他们说虽然在学校学了日语，但却没有上过日本史的课。

如果是在日本，可以在电车上找一节挤满上班族的车厢，然后做一个调查问他们知不知道孙文这个人，其结果应该是找出不知道孙文的人更困难吧。

还不只是日本学。

我在乌兰巴托（蒙古首都）认识了一位蒙古女性，她就认为，

① 此为作者误。日本史在中国世界史研究中是一门新兴学科。新中国成立前已有学者进行研究，而日本史作为一门历史学科的建立则在新中国成立后，大都设立在历史学专业中。

北京大学没创建过蒙古学。①

其实中国政府待少数民族十分优厚。无论是思想上还是政策上，中国政府对少数民族都考虑得非常周到。在少数民族文化的保存方面政府也下了不少功夫。不过，若要问研究机构是否以与汉族文化对等的态度去研究少数民族的文化，实际情况还真说不准。这或许只是我的偏见。

明治以前的日本文化虽说有时会受到来自中国的催化作用，但其本身与中国文化并不相同，是独具一格的文化。我希望学者们不仅要研究文化，也要研究社会制度史，而不要把少数民族的文化当作中国文化的细枝末节。②

尽管温先生对羌这一古代少数民族的爱只停留在文献研究层面，但其观点在新中国建立前的学者中来说已经是与众不同了。

而谈及古代中国，温先生的学术观点又变得特别爱国。

用餐时，我们聊到了四川菜里的唐辛子。唐辛子在汉语里叫辣椒。

“四川人还真是喜欢辣椒啊。”

话说完就有中方人员应和道：“喜欢得不得了。”然后大笑。

我曾在北京认识了一位来自四川的运动员。他跟我开玩笑说，

---

① 这位女士的说法并不符合实情。北京大学（包括京师大学堂、西南联大）蒙古学研究有100多年的历史。其专家学者主要集中在历史学系、东方学系，蒙古学研究成果蜚声国内外。

② 这一段原文说得不很清楚。结合上下文（尤其是本书《遥远之地》中的论述），推测作者的意思是说明治以前的日本文化虽然受到中国文化的影响，但仍然是独具一格的文化，因此中国少数民族的文化虽然长期受汉族文化影响，但也存在独特的地方，这些文化并非只是中国文化的细枝末节，恰恰是这些少数民族文化的融合才构成了中国文化，故少数民族的文化是有研究价值的。

要是有人命令他把整个北京的辣椒吃个遍他只会觉得特别高兴。顺便一提，中国其他省的人都知道四川人偏爱辣椒。

不消说，原产于中南美洲的辣椒是在哥伦布发现美洲大陆之后传播到世界各地的。

辣椒是在十六世纪桃山时代前后由南蛮人①带到日本的，这已是常识。据说当时的日本人在隆冬时节还把红辣椒碾碎之后放进足袋②以保持足部温度。

辣椒传入朝鲜则通常认为是经由日本。有一种说法是丰臣秀吉派去侵略朝鲜的军队士兵将辣椒放入足袋渡海到达朝鲜，当地人也就知道了辣椒（也有其他说法，贝原益轩所著《大和本草》认为辣椒是丰臣秀吉侵略朝鲜后从朝鲜传到日本来的。对此朝鲜史过于沉默，找不到能实际验证的史料）。

辣椒还有可能是由支援朝鲜的明朝军队中来自四川的士兵带去朝鲜的。不过，这种推测存在一个问题，那就是辣椒在当时要么还没有传入中国，要么还没有普及到人们的饮食生活中去。

在中国，以药用植物为中心的本草学盛行。到明代，其代表性成果《本草纲目》（1552—1578）问世，内容十分缜密。

此书并未记载辣椒，由此或许可以推测到明末为止中国还没有辣椒。注意到这一点的是篠田统。他在《中国食物史》一书中写道，辣椒传入中国“应该是在明末以后”。

“明末”大致对应的是万历年间（1573—1620）及之后。这一

---

① 南蛮人：日本室町末期至江户时代对来到日本的葡萄牙人和西班牙人等的异称。

② 足袋：布制袋形袜子，大脚趾与其他四个脚趾分为两部分，脚后跟的上部用搭扣固定。

时期起，明朝与日本一样，迎来了许多传教士——以利玛窦为代表，他们在传教的同时也带来了几何学等学问技艺以及红薯、土豆、玉米、花生、辣椒等食物。虽然时间稍早于丰臣秀吉入侵朝鲜，但这些食物也不太可能在这么短的时间内就完全走进百姓的饮食生活。

然而，在温先生看来这些引证都不值一提。

“中国很早就有了。”他突然说出了让人难以置信的话，“不仅是辣椒，玉米也是。”

在中国历史上有辽这么个地方性王朝。游牧民族契丹于十世纪势力膨胀，侵入华北，建立起了大辽。温先生说，辽代石佛上就刻有玉米的图案。他还说，他是与四川省历史博物馆的教授一同研究才明白石佛上的线刻图案是玉米。

“辣椒的证据则时代更为久远。”

温先生接着说道。

他认为中国古代传说里的东海之国扶桑应该是墨西哥。相传扶桑原本指的是传说中的树木，其貌似桑亦似桐，还可供人食用。此树生长茂盛的东海之国则被称作扶桑国，因为在地理上日本正好处于这个方位，所以唐代诗人才用扶桑作为日本的美称对留唐日本人使用，还用扶桑作了送别的诗。

说扶桑指的是墨西哥，温先生应该是引用了《辽史》中关于扶桑的记述作为根据，但由于记忆有些模糊，我不敢肯定书名就是《辽史》。如果真是《辽史》，我也没有那个毅力去把《辽史》一百一十六卷翻个遍找出关于扶桑的记述。

“但是辣椒和玉米是十五世纪末哥伦布带回欧洲的，这已经是全世界共通的常识了啊。”

我这样对温先生说道。他没有否认传到欧洲的时间，但却说：

“其实中国人在那之前就去过美洲大陆，发现了辣椒和玉米然后带回中国。”

我追问大概是什么时候呢。

他回答说：“甲骨文时代或者更早。”

甲骨文是殷代的文字，也就是说在公元前一千多年，中国人就到达过美洲大陆，和哥伦布一样带回了辣椒和玉米。

“甲骨文有表示以穿越海洋为目的的带帆之船的文字。也就是说殷代就已经有帆船了。所以中国人是能够到达美洲大陆的。”温先生说。他还说表示辣椒的甲骨文也是存在的，因此辣椒是通过帆船带回来的。不过，对于此种解读甲骨文的方式，想必在专家之间也会有争论。

“四川话虽然也说辣椒，但一般是说海椒。”中方有人说道。

“在四川，人们都说龙潭的海椒最好吃。海椒成熟的时候去龙潭，老远就能闻到香气。”

“海”这个字在中国从古至今都不仅仅指大海，它还有与大海毫无关系的“边疆荒地”之意。蜀（四川省）也曾是边疆蛮荒之地，因此也能称之为“海”。或许是因为这样四川收获的辣椒才又叫作海椒。

7 鬼肉

我本来特别想在四川成都吃一吃正宗的麻婆豆腐，不过遗憾的是这些天的几顿饭都没有上过这种家常菜。

在餐桌上我们倒是聊到了这道菜。

“现在日本特别流行吃麻婆豆腐。”野村宏治说道。对此，我们的温少峰老师开始讲起了这道菜的起源。

“麻”在汉语里有麻子之意，所谓麻婆指的就是“长了麻子的老婆婆”。温先生的讲解饱含着对这位老婆婆的亲切之感：

“辛亥革命（1911）往前二十年左右，在成都的安顺桥——北门的一座桥——旁边，住着一位姓陈的老婆婆，她脸上长了麻子，大家都亲切地称她为麻婆。”

她把自己做的豆腐拿来卖，也卖一些简单的家常菜。

当时成都城里的劳工到了中午就会放下挑着的扁担来这儿吃饭。因为是这位老婆婆发明的这道菜，大家也就很自然地把这道菜叫作麻婆豆腐。

“真是位了不起的老婆婆啊。”精通美食的野村宏治感叹道。

正如他所说，像麻婆这样想出了任谁都喜欢的菜肴或烹饪方法，让人们的生活变得更加丰富，如此功绩可不是颁个勋章就能以表嘉奖的。换作日本的话，就像是发明了鱼糕、鱼卷（均为明治以前），又或者是想出了天妇罗荞麦面、金平牛蒡①等做法的人一样。这些人到底是谁呢？大家都不知道他们的名字。

不过，日本馒头②（宋音）的发明者倒是有名有姓。室町时期的禅僧、后成为京都建仁寺住持的德见龙山③曾跟随潮流前往中国（当时已是元朝）留学，在结束留学即将归国之时，其随从（？）表示也想跟随他一起去日本。此人名为林净因，他归化入日本后居住于奈良，制作的馒头闻名四方。但是，此种情况称其为发明者可能又有些不妥当。

六月八日星期一，上午十点我们从锦江宾馆出发，乘坐的是小型巴士。

雾霭给这片广袤的田野抹上了一层淡妆。田野里四处散落着农家房屋，而竹丛就像是在保护那些房屋一样围绕在周围。

刚到成都时，雾霭、竹丛、茅草顶的农家房屋以及水田水渠反射的不那么耀眼的光辉都让须田画家兴奋不已，他还高声说道：“我

① 金平牛蒡：将切成丝的牛蒡用香油炒制之后加入酱油和砂糖炖煮，再放入辣椒丝。

② 日本馒头：用小麦粉、荞麦粉或精白米粉等和面，包上（豆沙）馅或蒸或烤的点心。

③ 德见龙山：通常称龙山德见。

会画出不输给雪舟[①]的画。”然而相同的景色一再重复出现，他找不到决定性的变化，于是表情中流露出的感动也随之减弱。若将这番景物直接挪到画纸上则显得过于呆板，会让人觉得缺了点什么。尽管如此，还是得让他去捕捉灵感，要让他抱有期待，继续往前走就会有所发现。

农民聚集在水田里和水渠边，他们把水渠里的黑泥挖起来放入田里，我想这一定是在施肥。不过这一路上我几乎没有看到过牛，他们耕田全靠人力。

“四川省以前就不怎么用牛马耕田。”横川健说道。

中国各省的传统和文化实在是根深蒂固，江南、华南等地很早就开始用水牛或黄牛耕地，但蜀人就是不用，基本靠人力解决。也没有什么特别的原因，如果去问农民的话，得到的答案肯定是“因为从前就没有用过，所以现在也不用”。所谓文化，或许指的就是这种情况，即是说文化就是生活中那些不需要阐明的脉络。

“独轮车很多吧。”横川健的话成功分散了我的注意力。

听他这么一说，我才发现我们乘坐的巴士刚超过一辆独轮车。

另外我还看到不少人推着独轮车在田埂小路上搬运很重的东西。

“那种独轮车能够轻松运载两百公斤左右的东西。”

推独轮车走过的路上会出现车轮印，人通过车轮印的位置来把握货物的平衡。不过那车能载那么重的东西还是让人难以置信。或许是因为独轮比双轮自重更轻，所以独轮车能运载更重的货物。

---

① 雪舟（1420—1506），室町时代的画僧，1467 年到明朝学习水墨画。代表作有《秋冬山水图》《四季山水长卷》《天桥立图》等。

此外，因为只有一个车轮，所以只要是一个人能通行的路都能推独轮车。

总而言之，在四川看不到牛马拉车，基本上都是人推独轮车。

“这会不会跟诸葛孔明的木牛流马有关系呢？”

我这么胡乱一问，横川健回答说他也这么想，但实际情况如何他也不清楚。

诸葛孔明有很高的工学造诣，这在《蜀书·诸葛亮传》中也有记述。

> 亮性长于巧思，损益连弩，木牛流马，皆出其意。

巧思指的是工学方面的创意，损益指的是数量上的掌握方法。连弩则是指连发式的弩，木牛、流马虽然不清楚具体构造是怎么样的，但应该都是指独轮车。

蜀地处于险阻群山环绕之中，这里不方便用牛马搬运货物，于是孔明发明了“木牛流马”来做替代物。

木牛和流马都是一个人就能推着走的。据说一台木牛可承重八石（相当于日本的三石），相当于一名士兵一年消耗的粮食重量。即便是在架在悬崖上的蜀地栈道上，也能推着独轮车通行。蜀军行军的场景或许就是每个士兵都推着一辆独轮车，数万台独轮车成列前行。战斗的时候把车放倒，独轮车立刻就变成了挡箭牌。

我们乘坐的小型巴士司机还很年轻。

可能也是因为年轻，油门踩得快要超出我们所能承受的极限。

车突然停了下来，惊吓之中回头看去，一辆卡车在离巴士很近的地方也停了下来。我们的司机冲到路上去，卡车司机也冲了下来，双方开始激烈争吵。虽然只是轻微的擦撞，但似乎责任是在我方。然而司机怎么也不肯认错。

对方怒斥道："年纪轻轻的，怎么说话呢？"

我们的司机听了这话也不服输，反驳道："你也没比我长几岁，怎么着？"

越老越吃香。从他们的争吵来看，他们似乎也认可这一说法。

结果这事就那么不了了之，我们坐上巴士继续上路。不过这回司机开车谨慎了许多，或许他内心也承认了刚才的事故是自己的责任吧。

巴士继续行驶着，车窗外的风景还是一成不变——广袤的田野上到处点缀着竹丛。偶尔，巴士会穿过看起来像宿场[①]的聚落。

路上总是很拥挤。

老旧的房屋一户挨着一户，其中还有茶馆。茶馆里面很暗，但从车窗望去也不是看不见。老人们坐在看起来很硬的凳子上，一边喝茶一边聊天。

路边还有一些摊位，其中卖肉的居多。

"张和平先生，我看这肉好像没什么人买啊。"

"卖不出去。"

他说是因为生产过剩了。

不久之前中国肉类产品还供不应求，后来大力发展生产，这又变成供过于求了。尽管政府竭力号召人们多买肉，无奈消费者的胃

① 宿场：日本江户时代对驿站的称呼。除建有货物转运站、供大名等下榻的高级驿馆、备用的驿馆外，还有面向一般旅客的客栈。

也有极限。再来，人们买肉也变得挑剔了。肉类供不应求的时期，大家都买肥肉。“现在大家都买瘦肉。”张先生说道。

问题是北京的蔬菜供不应求。

“这里（四川）的蔬菜供大于求，而北京却供不应求。真是让人头疼啊。” 他说。

物流运转不畅或许是原因之一，但中国太大才是决定性因素。若要把四川多出来的蔬菜千里迢迢送到北京去，还没送到菜就腐烂了。考虑使用装有特殊设备的冷藏车也是不错的，但即便如此北京还是太远了。

尽管巴蜀（四川省）的农业生产不如江浙（江苏省和浙江省），但其规模也很庞大。

自战国时代至汉代，人们常把关中平原（陕西省）称作“天府之国”，而蜀亦有此美称。

不过曾经的蜀地平原上河流很少，这里的生产力发展到能与“天府之国”的美誉相匹配是在都江堰这一大型水坝建成之后。

令人难以置信的是，水坝建成是在公元前三世纪战国时代，而它至今仍在滋润着成都平原。

战国时期的秦并蜀后，派李冰到蜀任太守。通常认为李冰建成了这座水坝，从而使蜀成为天府之国。这在写于公元前的史书《史记·河渠书》中亦有记载。

“有兴趣去都江堰吗？”刚到成都那天，张和平先生就这样问过我。我当下就拜托他一定要带我们去看看。要想确认公元前《史记》的记述是否属实，再没有比亲眼看看运作至今的那座水坝更好的方法了。

县的名称也很有水坝的风范——灌县。

灌县的都江堰处于激流从山岳地带奔涌而出正要冲向平原的位置。在都江堰也能稍微观赏到一些蜀地山岳的风貌。

“在灌县吃午饭说不定能吃到魔芋哦。”这话也是在那天的巴士上张先生对我们说的。

关于都江堰，我会在后文详细谈。不过魔芋终究还是没能吃到。

但是灌县当地人跟我们说了很多关于魔芋的事。

“灌县的农民很喜欢吃魔芋。”当地人告诉我们。

家常菜的做法通常是和鸡肉或猪肉一起煮，也可以切成细丝和泡菜一起用油炒。储存方法是把它做成冻豆腐。天冷的时候把魔芋放到室外冷冻，变成海绵状后进行干燥便可以储存起来。

“灌县农民把魔芋叫作黑豆腐，因为其做法跟豆腐很像。”

他们说当地还会把魔芋叫作“鬼肉”。用鬼（并非日本所说的鬼，而是怪物之意）肉做蒟蒻的俗名，这还真是离奇。

8 古代水坝

巴士行驶的道路铺得很好。

我们从成都出发朝着西北方向的山区前进，但我们不会进山，而是去看从山里淌出来的河水。

从成都出发行驶了五十余千米，这才又见到城镇——灌县县城。县城虽小，但街上既有干净的餐厅，也有能够住宿的地方。穿过县城街道，便看到了岷江。这是一条从北方险峻的岷山流淌出来的湍急河流。

河上有一座桥。

过桥便是岷江正中间的河心洲。河心洲的前端叫作宝瓶口。现在，我们就站在都江堰这座建于公元前三世纪的巨大水坝的端口。这座河心洲在当地也被叫作高堆。这堆也是李冰建造的（面向宝瓶口从右侧的玉垒山劈开一条水路，高堆则是玉垒山断裂后残留的部分）。河心洲前端的宝瓶口一带现在成了公园，再往前还有一座古老的道观（道教寺院）——伏龙观。

前文提过最先将蜀纳入中国版图的是战国时代秦国的秦惠文王（前 356—前 311）。秦惠文王任用魏国人张仪（？—前 309）为宰相一事为人熟知。

——是应该拿下还未开化的边境之地蜀，还是应该进军中原？

秦惠文王跟前发生了一场争论。据《战国策》记载，张仪认为应该出兵伐魏[①]，而司马错则认为应该将蜀地拿下。司马错表示，蜀乃西部偏远之国，处于戎狄的暴政统治之下。于秦，伐蜀实为易事，得蜀则国富。秦惠文王采纳了司马错的意见，从戎狄手中夺得了蜀地。到了秦惠文王之后的秦昭襄王（前 306—前 251 在位）时期便有了都江堰。

《史记·河渠书》记载着蜀之太守（地方长官）李冰凿开离堆，以避沫水（岷江之误？）造成的水灾；又在成都一带开凿两条江的支流（内江与外江）。[②]

《史记》中甚至包含了蜀地的治水工程，这值得大加赞赏。不过其记述让人读来不甚清楚。司马迁年轻时便游历四方，搜集起一手资料来从不懈怠。但不知道是否因为他没有到过蜀地，所以相关记述才如此简洁。

然而，约瑟夫·李约瑟教授在其著作《中国的科学与文明》第十卷中却对此种简洁加以称赞。

---

① 此处或为作者之误。《战国策·卷三·秦一》中记载为：“司马错欲伐蜀，张仪曰：‘不如伐韩。’”

② 原文为现代日语，故译文也未直接引用古汉语原文，原文为“蜀守冰凿离碓，辟沫水之害；穿二江成都之中”。

> 这位史学家仅用如此（注：此处是说《史记》的叙述）只言片语便记录了中国规模最大的土木工程之一。二千二百年后的今天，它（注：都江堰）仍然为人所用，这让今日到访于此之人永生难忘。

从李约瑟教授的注释来看，这是他第二次造访灌县仔细参观都江堰。

那么实施了如此科学化工程的李冰究竟是何方神圣呢？

大家并不清楚他的来历和性格，只知道都江堰是他和他的儿子二郎一起修建的。二郎自然不是真名，只说明他是李冰的次子。

人们世世代代都持续着对李冰和李二郎的感谢。

不知在哪个时代，对岸能够俯瞰水坝的百花岭山麓上建起了一座供奉二人的寺庙。公元 494 年，南北朝时期的齐还为二位追封了王位。此后，寺庙的名称就成了二王庙。这一名称保留至今。

都江堰是一座多功能水坝。其原理是在岷江上修建多处堰堤，从而把江水分流为外江和内江。外江按原来的流向汇入长江，而内江则从李冰那个时期起流向成都平原，成为灌溉良田的源泉。

发洪水的时候，洪水会自动被引入外江，而不会涌入流向成都平原的内江。因此，不管下多大的雨，成都平原都不会发生洪涝灾害。

内江又分流为江安河、柏条河、蒲阳河等，滋润着广袤的田野。

可以说李冰撑起了一个国家。

他建造起来的都江堰曾经的灌溉面积达三百万亩（二十万公顷），二十世纪因为战乱下降到了两百万亩。新中国成立后，都江堰经历了大规模的修复工程，如今滋润着八百万亩（五十三万公顷）良田，灌溉面积达到了修缮之前的四倍。

我们在河心洲高堆公园下了巴士，钻出车门便是一个小广场。因为是河心洲，所以地势平坦。唯独正面（河心洲前端）像一座小山一样凸起，那里铺有又长又大的石阶，爬上去便是伏龙观。对岸的百花岭、玉垒山等岩山曾经的山脚延伸至此，而李冰则将其劈断，凿出内江。据说古代碎岩的方法是猛火焚烧后浇水使其变脆。岩山被劈开之后留在河里的岩堆则为“离堆”。伏龙观便矗立在这离堆之上。

爬上石阶进入伏龙观便能看到堂内立着一尊高大的石像。我马上就看出来这是李冰之像。

中国文明真可谓是历史悠久。这尊李冰的石像雕刻于汉代建宁元年（168），其工艺很有汉代特征，大而古拙。面部笑容与日本的圆空雕刻相似，手臂藏于长袖之下，双手作揖。脚部也隐匿于衣裙之下，只有鞋尖的轮廓被雕刻了出来。

除了这尊石像之外还有一尊没有头的石像。石像站立着，双手拿着一个柄很长像铲子一样的东西，铲子头戳在地面上。

据说这两尊石像是 1975 年修缮水坝时从河底打捞起来的。

从伏龙观背后出来便是离堆的最前端，站在此处会给人一种置身船头般的感觉。这里有一座亭子，名叫观澜亭。顾名思义，观澜便是观赏河水之跃动。眼前的河流水花激荡，波浪卷起千堆雪。它奔涌而来，眨眼间又滚滚而去。

右侧是人工开凿的内江，左侧则是干流外江。站在这里还能看见将内外江分割开来的人工河心洲。人工河心洲的前端因其形状而得名鱼嘴。总之，建造河心洲分割出内外两江才是李冰最煞费苦心之处。

“我们去那个河心洲吧。”当地人对我们说道。

“走吧！”张和平先生对把身子伸出栏杆正在拍摄河水激流的山形真功说。

“要去那个河心洲吗？”山形真功满脸疑惑，因为在这满眼的山水中似乎并没有能通往那里的路。后来他看着在伏龙观拿到的小地图嘟囔道：“原来是从山上绕过去啊。”从地图上看，我们需要先回到灌县县城，然后进入县城以北包含百花岭在内的山区。山里面开凿出了能让汽车通行的公路，这条路最终会下到岸边。

地图显示我们下车的地方便是吊桥悬挂之处。要去河心洲就要渡过这座吊桥。李冰建造的水坝规模之大，即便以现在的工程标准来看也着实令人佩服。

巴士在百花岭中穿行片刻后便到达了终点。我们徒步来到岸边，横空而架的又长又大的吊桥映入眼帘。

一行人毫不犹豫地走上了吊桥，其中有一个人紧随大家的脚步，甚至忘记了自己有很严重的恐高症，她就是松丸朝子。看着脚下翻滚的浪花、奔涌的波涛，她渐渐地开始思考起真正的自我究竟为何。后来她几乎处于半昏迷的状态，在别人的搀扶下才勉强过了桥。

现在我们并不清楚是否李冰建成水坝之时就有这座吊桥，不过至少在宋代以前这里就有一座桥叫作珠浦桥。

明末，珠浦桥在战火中烧毁。此后很长一段时间这里都没有再架桥。直到清代嘉庆八年（1803），这儿才又有了一座安澜桥，俗称“夫妻桥”。

当时有一位叫何先德的私塾先生住在这里，他和妻子为了在这儿搭桥到处募款，因此这座桥得名“夫妻桥”。

当然，那时——应该是说几年之前——吊索还是用竹子做的，1974年后才换成钢索。

这桥有注明限制的通行人数吗？我有些疑惑，于是到处找标识，结果却没有找到。只要有十个人同时通过，桥身就会晃荡得很厉害。再看看脚下涌动的波涛，感觉就像坐船一样。

走上河心洲，我们去最前端的“鱼嘴”看了看。岷江是由岷山淌出的水汇聚而成，其河道被鱼嘴河心洲一分为二，即外江和内江。

建造河心洲要先在水里筑起围栏，然后投掷大量装满石头的竹筐，再来还要修筑石堤（内金刚堤和外金刚堤形成了如今这座人工河心洲的骨架）。可以想象这在李冰那个时代定是一项艰巨的工程。

在古代中国，秦的治水能力可圈可点。

不只是都江堰，此后秦还完成了郑国渠这项大工程。郑国渠修建于渭水以北，它将泾水引入洛水，是一条大型灌溉水渠。然而建造者却不是秦国人，而是出生于韩国的郑国。

总之，参加过这两大工程的秦国人有了大工程的经验，实施水利工程的能力也大幅提高。

森浩一教授站在鱼嘴附近说：“京都宇治川大桥旁边的河心洲说不定也是类似的工程。”

这话他说得声并不大，但这一联想很有意义。

日本在产生文字之前开山拓地最厉害的一族便是秦氏，他们因开拓了京都盆地以及淀川北部的平原而闻名。据《古事记》《日本书纪》《新撰姓氏录》记载，他们自己说（普遍认为是他们自己说的）是秦始皇的子孙。

不管他们是不是秦始皇的子孙，总之秦灭亡后其遗民逃至朝鲜半岛，后来又大举进入日本，在相信上述几本古籍之记录的前提下此种设想是成立的。也就是说，他们带着水利工程的技术来到日本宇治川将其作为根据地之一，并在此修建了缩小版的都江堰，做此设想应无大碍。森教授联想的意义便在于此。

9 灌县农家

我们回到灌县县城，进了一家招待所。这家招待所在附近的建筑物里很是显眼，室内采光也很好，感觉就像是东南亚避暑地的建筑一样，墙壁和天花板都显得很明亮。

尽管四川总是雾霭弥漫，但这建筑内部采光良好一定是因为窗口大开之设计。我们就在这座建筑的食堂里吃了午饭。

毛主席来四川的时候这里的厨师长曾为之掌勺。

菜一入口，辣味便在嘴里弥漫开来。

“四川省还有一种香料叫麻椒，日本没有这种香料所以不太好描述，吃起来倒不是辣，而是会让唇舌发麻。”横川健说道。

在日本，“辛”这个词的意思很含混，既可以指咸味，也可以指辣味。所以日语里说咸或者辣都用“辛”，不做区分。尽管日本在江户时期就已经开始使用辣椒、黄芥末、绿芥末，但在语言上却怠慢了，并未对咸与辣做明确区分。总的来说传统的日语在味觉的表达方面对这种细小区别的感知能力或许有所欠缺。

“麻椒的味道不同于辣椒的辣味和盐的咸味吗？”

“我觉得完全不同。与其说麻椒有什么味道，倒不如说它只是让唇舌发麻。”横川健解释道。

“桌上的菜哪一道用了麻椒呢？”

“好像都没有。”横川说着尝了几道菜，接着说：“果然没有。”

厨师长或许是怕日本人的舌头受不了所以才没有用麻椒吧。

尽管已经坐在餐桌上，但我的脑子里还回荡着河水的声音。都江堰鱼嘴、内江、外江以及宝瓶口奔涌的岷江水那轰隆之声挥之不去。据说河水的流速为每秒四米。那种感觉甚至都不是靠听觉感受到的轰隆声，更像是整个身体都感受到有什么在晃动地面一般。用味觉来比喻的话，那不是甜、辣、咸、苦的味道，而更像是吃到麻椒的感觉。

不仅是我，山崎幸雄心中也还留有吃到麻椒般发麻的感觉。他说：“在那座吊桥上俯瞰到的河流可真是壮观啊！感觉自己的身体都要跟着晃动起来了。”

山崎喜欢拉美音乐，或许河水的流动和拉美音乐的律动有一些相通之处吧。

在都江堰留下的记忆应属多年后也不会忘记的那一类。比如从吊桥往回走，攀登一段山路到达在山腰上开辟出来的停车场后看到的风景就让人难以忘怀。停车场上只有我们乘坐的小型巴士，显得很空荡，但据说一到假日就会喧嚣起来。停车场（不只是有停车场，还有展望台）明明是在山腰上，旁边却有人摆摊，这就是证据。

山里没有其他人影，唯独那摊主在等待客人到来。

“在卖猴子啊。”好奇心重的森浩一凑近去看了看。一条白布铺在路边，上面摆满了来历不明的草根木皮。原来是个药摊子。摊子上最吸引人眼球的东西便是看起来像小猴子一样的干尸，它歪着头，以跳舞般的动作站立着，似乎是用了一根木棍做支撑。脸上的皮还没掉，但躯体和四肢都只剩骨头了。整体颜色发黑，体长约五十厘米。不过我们并没有问摊主那东西能治什么病。

从展望台向下望去，山水尽收眼底。都江堰的构造就像全景图一般展现在眼前，很容易看懂。而这背后的山里却有药摊子在卖小猴子的干尸。此景此事组合起来，又将成为记忆里的一味麻椒。

坐上巴士后，有人在外面敲车窗，我打开车窗往下面看，原来是松丸朝子。

“好冰，好冰！”她叫着举起右手，手掌上托着一个装了一大把冰棍的纸袋。这种情况明明说一句“赶快拿走”就可以了，但是按她说话的习惯来看，在想要亲切待人时她不会用命令的形式，而只是一个劲地表达自己感受到的不适。

“哪儿在卖冰棍啊？”我这么问，是因为一路上并没有注意到有卖冰棍的地方，所以请她告诉我。然而她却顾不上回答，只是不停地叫“好冰，好冰”。我慌忙接过冰棍，准备分给车上的人。然而车上大多数人都很能喝水，却并不喜欢吃这种甜的东西，所以都拒绝了我。我实在没办法，于是自己咬了一口，果然就是小孩子喜欢的味道，这让我觉得有点没面子。

用餐时，我问山崎：“朝子是在哪儿买的那些冰棍啊？”

他回答说："是不是在二王庙啊？"

前文已经提到过，二王庙是供奉李冰父子的寺庙，建于公元494年。要从吊桥出发去二王庙时，我看山坡太陡了，所以就留在巴士里没有上去。

目前我还只是在地图上看过二王庙。从地图来看，二王庙建在人工削平的悬崖上，没想到那种地方还有人摆摊。总之，吃了冰棍我也算分享了一些大家爬上二王庙的愉悦心情了。

吃饭时，我对张和平先生说想看看四川省的农家房屋。

"好啊。"他很有精神地回答道，让我在回去的车上好好看看沿途的村庄。

"要是看中了哪家你就跟我示个意。"

"示意之后您是要……"

"我就让巴士停下来。"

张先生派头还挺大。

去时和来时一样，巴士一直穿行于平坦的田园中。两侧的田地里，用于灌溉的水渠形成网状。从都江堰内江流淌而来的江水不断分支，滋润着这一望无垠的田野。成都作为城市的名称，从公元前的秦代就已有之。都江堰中的都字便是取自于成都。

道路两旁能看见的农家房屋以茅草屋顶居多。进一步说，很多房屋的构造极似日本北陆与日本东北地区常见的曲屋。所谓曲屋，指的就是平面呈直角弯曲的民房。我完全没有想过来到四川会看到这种令人怀念的民房。

"这一带还是灌县吗？"我问当地人，得到的答复是"没错，还是灌县”。于是我向张先生示意，问这里如何。

巴士这就停在了路边。

“打算去哪儿呢？”张先生从容地问道。我放眼望去，指了一户从田埂走过去大约需要五分钟的农家房屋。

“那就去拜访拜访吧。”

张和平先生跳过水渠，站到了田埂上。而我开始担心起来，问道：“我们如此唐突地去上门拜访没问题吗？”

“没问题。突然袭击——”张和平先生说着便走到了更窄的田埂上。

“突然袭击。挺好挺好。”他继续说道。对他来说省去了事先联络的工夫，这才是他觉得挺好的原因吧。

到这户农家的实际距离比目测要远。四川广阔的盆地里，似乎每户农家周围都有竹林或竹丛。这一户也不例外，屋子背后蔓延着竹丛的淡绿。

远看好像一个人也没有，走近后才发现似乎有人奔走相告，老人、小孩、小姑娘、年轻的母亲等都开始聚集到这户农家周围。原来我们一行人也要接受他们的参观。

古汉语中有“茅茨土阶”一词。“茅茨”是指用茅草或芦苇葺的屋顶，而“土阶”则是指用土砌的台阶。古代尧舜时期的宫殿建得很粗陋，据说就是茅草屋顶加泥土台阶。这在《韩非子》《史记》中均有记载。《史记·太史公自序》中写道：

堂高三尺，土阶三等（注：三段），茅茨不翦。

眼前的农家房屋既非宫殿，故无三尺高，亦无土阶。茅草屋顶修剪不齐这一点倒与上面引文记述如出一辙。

这户农家没有大门，从田道走上小路，自然而然地就进入了农家的院子。

在中国，省份不同农屋的造法也不尽相同。多数省份建造农屋用砖（炼瓦）砌墙，这样的房屋经久耐用。四川则与日本相似，不用砖而多用木材。这是因为此地与华北等地不同，木材极其丰富。

——与中国其他地方相比，成都当地建造房屋的方法大致上更为粗糙。

明治三十五年（1902）十一月至次年三月游历了成都及其他各地的伊东忠太（1867—1954）曾有过大意如上的记述。伊东忠太是明治之后最早一批建筑史学家，另外他还作为设计师参与修建了东京筑地的本愿寺。他在《伊东忠太建筑文献・见学纪行》（VOL.5）中有过如下记述。那时清朝由光绪执政，也是西太后活跃的时期。

> 此地区（注：成都地区）树林多，因此木造建筑兴盛，泥土房自然是没有的。砖瓦房相对较少。多数房屋整体均为木造，未用一砖一石。然而其建造方法粗暴简陋，简直难以言表。首先，他们连地表都不弄平整，直接在凹凸不平的地面上放置基石。弯曲的木材直接用来做柱子。柱子也不会完全削成圆柱状，只是粗略地刨一刨。壁板厚薄不一，即便是形状不规则的板子也直接叠上去。窗户用的也是歪的柱子或斜的横撑（注：横穿在柱与柱之间的材料），

造出来的形状也不方正。最后把窗户整面都刷成暗红色，
再吧嗒吧嗒地贴上红纸，这房子就算修好了。

从上述内容来看，成都房屋的造法给人的感觉是很粗陋的。不过我在灌县看到的农家房屋无论是柱子还是横撑都刨得很细致，形状也都是方方正正的。

站在屋外看，外墙都刷成了白色，只有柱子露在外面。白墙和柱子看起来都很老旧，但仔细看就会发现建筑本身没有那么老旧，只是一直没有打扫变脏了，这才让人产生了房屋老旧的错觉。

或许曾经的建筑就如同伊东忠太所见到的那般，而如今柱子等建材已经制作得很规范了。因为现在的柱子怎么也是用电动圆锯一类的制材器具才能做出来的。

脏了的白墙上居然画着这栋房子的设计图，真奇怪。这图应该只是木工用来备忘的，但又画得跟技术学校的设计图似的，有模有样。不过我实在不明白为什么要把备忘图画在白墙上。

我们身边聚集了很多村民，看不出谁才是这家的主人。后来一位老人把一个三十来岁身材矮小的人推上前来。他头发粗硬，脸小肤黑，嘴唇形状看起来就是老实人——这完全就是辛勤劳动的农夫形象。

我猜他就是户主，于是向他表达了不该唐突造访的歉意。他果然就是户主，微微点头回应道："请慢慢看。"

随后，户主又挤回了人群之中。

关于四川省的民房，温少峰先生曾表示从河南省、山西省出土

的文物来看，三者应该是属于同一个系统。从构造上看确实可以算作同一系统。自汉代起，人们就开始使用石灰造房。据推测，中国普通民房于秦、汉时期成形，由于建造水平已经较高，故后来其形态基本没有发生太大变化，一直延续至今。

包含这灌县在内的成都平原两千多年来的农业因都江堰而充满了活力。这座伟大的水坝——也是理所当然——唯独没有发电的能力。

这户农家没有电灯，当然也没有天然气、水管或水井。据说用水需要到离家有一段距离的水渠（水是从都江堰流过来的）去打水。

中国很多远离城市的农村都没有电灯。不过在我看来，农民们尽管还过着落后于时代的生活，但他们看起来悠然自得，没有什么不满。

这户农家的规模看起来比日本北陆、东北地区的曲屋式农家要大。

“这个村子叫什么呢？”我问当地人，他们跟我说村名叫幸福人民公社。

“附近一带的农村都比较富裕，但这户人家看起来有点贫困啊。”张和平先生说话时的表情还是那么实在。据我观察，这户人家之所以贫困，或许是因为能干活的人少。刚才见到的那个户主应该是家里唯一的男丁。当然，我没有跟他本人确认。对我来说，只要能看到四川省农家房屋的一例就足够了。

10 孔明与纸

汉朝始于公元前 206 年高祖刘邦进入咸阳，若将东汉也算入其中，王朝寿命则长达四百零七年。

对中国大一统的文明史来说，两汉时代正是其辉煌篇章。

那时，汉文化圈的大门在西方，新奇的事物、思想通过丝绸之路传入。生产力提升，工商业蓬勃发展，人们的好奇心也非常旺盛，各种工艺都聚集到这里来。不仅如此，中国及周边世界的通史《史记》问世，纸的发明也为此后中国的政治、文化起到了不可估量的作用。

汉语的书面表达始于商代，出现的时间很早，在发明纸之前的木简、竹简时代就已经完全成形了，这便是中国文明的特色之一。

用木简、竹简进行书写的时代，如果粗心大意经常修改或者文字冗长，那么写成的木简竹简则会多到必须用车装，重得只能让牛拉。汉语的书面语极其简洁的原因之一便是书面语在木简、竹简时代就已经成形，而且纸被发明出来之后这一基本特征也没有改变。

东汉的蔡伦发明蔡侯纸并献与汉和帝是在公元105年。《史记》共一百三十卷，相传其草稿完成于公元前91年，因此可以推测是用木简写的。另外，东汉班固（32—92）所著《汉书》也早于纸的发明，因此也是用木简写的。

著有《三国志》六十五卷的陈寿（233—297）所处的时代则已经有了纸。

陈寿是安汉人，安汉位于成都以东的嘉陵江沿岸城市南充市（现在的地名）北边。也就是说在那个时代，曾经被视作荒蛮之地的蜀也出现了像陈寿这样了不起的人物。

尽管陈寿写的是魏蜀吴三国的历史，但关于蜀的历史尤其能让人感受到他用情之深。这与他本是蜀人且年轻时曾供职于蜀不无关联。

众所周知，《三国志·魏书》当中有一节“倭人传”，这也是古代日本首次出现在中国正史中。

此外，中国人到现在为止最敬慕的中国历史人物诸葛孔明留存于世的形象原典便是《蜀书》中的《诸葛亮传》。同为蜀人的陈寿自然是喜欢孔明的。除《三国志》外，他还搜集孔明的遗文，编纂出《蜀相诸葛亮集》并呈献给晋武帝。

晋朝继承了魏之衣钵，而陈寿又是晋朝的官员，因此在《三国志》中也尽量避免了对魏出言不逊。

尽管如此，后来的中国人却把建立魏国的曹操塑造为恶人，而把与魏为敌，后又为魏所灭的蜀汉之主刘备及其股肱之臣关羽、张飞、赵云以及诸葛孔明都视为好人，对他们注以无限的敬爱。人们对稍显粗暴的张飞以及赵云饱含热爱地夸赞其武勇，至于粗暴的性格也人为地为其增添滑稽的色彩，而关羽则更是成为后世民间信仰中的神明。

即便很难断定此种倾向的根源就是陈寿的《三国志》，但至少可以说《三国志》为后世之人“喜欢蜀汉”“喜欢孔明”提供了原典性质的依据。

我们所在之地成都曾是刘备建立的蜀汉之都城。三世纪的诸葛孔明也和我们一样踏上过这座城市的土地，看过城外的平原与山河，从都江堰流淌过来的锦江水也曾倒映过他的身影。如此想来，我竟有了种奇怪的感觉，仿佛孔明生活在离我们很近的时代。

“明天我们去武侯祠吧。”张和平先生说道。

“那是一定要去的。”我答得倒是很有气势，然而在张先生说这话之前我都忘了武侯（孔明死后被追封为忠武侯，后世常以武侯尊称他）的祠堂就在成都。与此同时，我还想起了旧制中学[①]的汉文课上学过杜甫（712—770）的诗《蜀相》。

不消说，杜甫生于盛唐，在中国乃是人们公认的古今第一诗人。他没能通过科举考试，于是四处漂泊。后来为求温饱，他携妻儿翻越艰险的蜀道来到成都。唐肃宗乾元二年（759）十二月，杜甫四十八岁。次年春，他在成都西郊建了草堂住在那里。那时，他想着昔日蜀汉之丞相诸葛孔明的祠堂应该就在成都，于是前去探访。当时的成都以“锦官城”之美称为人熟知，而且只要是当地人都知

① 旧制中学：日本 1947 年颁布《学校教育法》，此后称 1947 年前的中学为旧制中学。

道孔明的庙就在锦官城，然而《蜀相》一诗开篇便提问道“丞相祠堂到底在哪儿呢？”短短的问句放在开头，读来让人感觉杜甫拄着拐杖探寻祠堂的背影似乎就在眼前。

顺便一提，孔明是蜀汉之丞相。丞相是自秦以来的官名，三国以后指的是辅佐皇帝理百政的官员。尽管中国历史上有过无数丞相，但单用一个“丞相”指的肯定是孔明。这与在日本单用“太阁”指的一定是丰臣秀吉，单用“黄门”指的一定是水户光圀[①]是一个道理。

丞相祠堂何处寻，锦官城外柏森森。
映阶碧草自春色，隔叶黄鹂空好音。
三顾频烦天下计，两朝开济老臣心。
出师未捷身先死，长使英雄泪满襟。

在我有些模糊的少年时期的记忆中，课本中这首诗上方还有一张武侯祠内部的照片，依稀记得照片上有一片茂盛繁密的柏树。

当时老师应该还讲解过“中国的柏树和日本的柏并不相同”。

虽说日本的汉字是从中国传来的，但是植物动物却常有名称和实体并不对应的情况。比如“鲇”这个字在中国指鲇鱼，而在日本则指香鱼。“柏”字的情况也类似，在中国指的是与常绿乔木日本扁柏相近的种类，而到了日本却成了壳斗科落叶乔木。

顺带一提，我们在此次行程中从江南的绍兴乘火车前往绍宁平原中心地带时看到铁路两侧连绵的像是日本扁柏的树木。我在火车

① 水户光圀：亦作“水户光国”，圀为国之异体字。

上向张和平先生询问道：“那是什么树啊？”

他写下了“柏”字。虽然那些树看起来像日本扁柏，但我总觉得有些不同。日本扁柏是日本特有的品种，因此也无需强行将其列入和中国的柏树相同的种类。日本扁柏树叶簇生，像青年的头发一样，其颜色呈有光泽的绿色。与此相比，中国的柏树则显得没有什么水分，细小鳞片状的树叶颜色并不鲜艳，叶肉也不饱满。

张和平先生邀请我们去武侯祠时我说了一句“锦官城外吶”，他马上接道“柏森森”。这个人对诗文还真是反应灵敏。

刘备并非出生于蜀，他是华北涿县（位于河北省）人。他在东汉末年的乱世之中长大成人，年轻时为赡养母亲曾以卖鞋、编织草席为生。其父生前是地方官吏，祖父也做过县官。刘姓为汉朝皇室之姓，因此他后来称自己是西汉景帝的子孙，是真是假无从辨别。

刘备没有什么值得特别一提的才能，但他有着长者的风范，这一点与开创汉王朝的高祖刘邦相似。刘备与刘邦一样不爱好学问，另外还有个相似之处，便是两者均与不良青年有所交往，且受到这些青年的拥戴。时值乱世，买卖马匹的商人为运送的安全操碎了心。后来刘备受雇负责护送马匹，他也开始带领起自己的队伍。关羽、张飞两个人物使得《三国演义》读起来畅快淋漓，而刘备与两人相识相知就是在这一时期。

刘备既无才能又无领地，但却能洞悉他人的长处并加以重用，他也因此受到众人敬仰。从这一点来看，他确实有着首领的器量。也正因如此，他虽然在风起云涌的环境中颠沛流离，却仍能受到拥有领地或军队的割据势力的重视。他寄居于这些人物门下，有时还会受命掌管一座城市或一支军队。

辗转时期的刘备最后停留的地方是长江（扬子江）中游的粮仓地带——荆州（湖北、湖南省），寄居于刘表门下。刘表年事已高，其二子又争权夺位，形势混乱，当地人甚是担忧。

——再继续这样下去，荆州迟早要被曹操吞并。

这是刘表领地的都城襄阳的知识分子所担心的事情。曹操有着卓越的军事才能，并且诡计多端，大家都不知道他到底会使用什么计谋。

当时寄居于刘表门下的刘备受到众人青睐。仰慕他的人很多，时机已经成熟到只要他想就能随时建立起自己独立的势力。不过他还没有自己的根据地。

当时，刘备驻扎在襄阳东北部的新野。他认为民间定有遗贤，便四处找寻。这时有人向他举荐孔明。孔明此时二十七岁，在襄阳以西的隆中田间结茅庐而居，每日读书耕地，并未想出人头地。

当时刘备四十七岁，已有左将军、宜城亭侯、豫州牧等头衔。身居如此要职之人拜访了三次无名隐士的茅庐才终于见到了孔明。所谓的三顾茅庐则是让刘备与孔明的一生充满戏剧性的要素之一。后来孔明写下了著名的文章《出师表》，文中也证明了确有三顾茅庐一事。

孔明原本不是长江中游的荆州人，而是出生于遥远的琅琊郡阳都（现在的山东省沂南县）。其父为地方官员。孔明十多岁时便失去双亲，时任荆州豫章太守的叔父诸葛玄收养了他。后来其叔父也在战乱中丧生。这定会让人觉得孔明是个流离失所之人，然而他在襄阳附近的名士集会上却很受重视。

孔明的叔父诸葛玄是有声望的人，其长兄也很早就到洛阳游学，后以才学得到认可而供职于吴，后来还成为大将军、宛陵侯，非常受重视。再者，其远房表亲诸葛诞则得到曹操的重用，后来成了魏国的大司空。

另外，孔明之妹也嫁给了襄阳当地学士很是青睐的读书人庞氏。尽管诸葛一族并非荆州土生土长，但他们已经成为当地的名门望族。

对刘备来说，得到孔明就等于得到了襄阳及附近地区士人阶级的支持。此外，诸葛一族供职于魏吴，所以得到孔明也就意味着能够更清楚地知晓当下形势之本质。

就算孔明才学平庸，对刘备来说他仍然是值得三顾茅庐的对象。当然在见过面后，刘备进一步了解了孔明的器量和才能。孔明当时提出“三分天下”之计，刘备这才清楚了自己应该前进的方向，此后之势则如鱼得水。

不知当时两人面对面说了什么话。

从今天的行政区划来看刘备是河北人，而孔明则是山东人。他们当时所在之地荆州曾是战国时期楚之故地，而楚语则非常特殊。孔明或许多少会一些荆州话。他年少时便来到此地，即便不太擅长当地方言，但听懂当地话肯定是没问题的。与此相对，刘备来到荆州仅有六年，而且他已经快步入老年，应该听不太惯当地话。

当时孔明提出的“三分天下”之计也被称作“草庐对[①]”，其内

① 草庐对：通常称《隆中对》。《草庐对》是清代学者张澍《诸葛忠武侯文集》中的第一篇文章，明确记载了《草庐对》来源于陈寿的《三国志·诸葛亮传》。

容论及天下形势，准确地分析了袁绍、曹操、孙权等诸位豪杰，还阐述了荆州以及西部地势险绝的益州（指蜀）之自然地理、经济地理、军事地理。其语言表达深刻复杂，单靠口头上说不知刘备能否完全明白。

恐怕重要的部分孔明是用一旁的纸笔写出来给刘备看的吧。整个过程应该是连说带写。刘备阅读之后思考了片刻，最终点头同意。这或许才是当时的场景。

汉语中词语都很短，同音词很多。在那个时代，即便是同一个地方操同样口音的人要在口头上表达深刻复杂的内容也是非常困难的。

弥补了这一缺陷的便是汉字、中文——或者说表达抽象思维，比如像孔明提出的策略那般重要的政治性内容时，主要是通过书面文章进行表达，而口语是辅助性质的。

汉字在木简、竹简的时代就已经成形。因此，能够表达深刻复杂内容的口语则发展受阻。再者，尽管各地无数的方言都有各自的独立性，但从古至今人们都自由地进行着交流，基本没有障碍，这也只能用书面语之成熟及其共通性来解释。另外，普及大大早于其他文明的纸张也是促成因素之一。

11 陈寿与孔明

读了杜甫的诗《蜀相》就会觉得武侯祠似乎是坐落在锦官城（成都市）郊外草木丛生的僻静之处。

在杜甫那个时代，武侯祠或许确实是在城外的僻静之地，但不知从何时起它的周围已经变成了街市。过了南河（锦江的支流）向南走一小会儿便是武侯祠，这里可以说是人山人海，一片喧嚣。尽管如此，武侯祠周围也并非门前町[①]，而只是街道上尘土飞扬的老旧居民区。

所谓的“大门”突然就出现在了路边，什么时候穿过大门的也不知道，我们就这样走进了杜甫诗中“柏森森”的武侯祠内。

用砖铺成的唯一一条参道[②]从大门笔直延伸向第二道门，路两旁柏树（并非日语中“柏”字所指的槲树，而是与日本扁柏相似的树）

① 门前町：日本指中世以后在寺庙、神社门前发展起来的城市、街区。

② 参道：日本指供行人参观神社、寺庙的道路。

林立。然而，所有树的树龄都只有十年左右，看起来都很瘦弱。柏树底部的枝叶本来就不繁茂，而这里的柏树顶部枝叶也很干瘦，实在无法用“森森”来形容。

我伫立在树下，尝试回忆在旧制中学汉文教科书上看到的武侯祠内部的照片。直到昨天我都相信自己的记忆是对的，但如今真的来到这里后，我竟发现关于照片的记忆消失了。

我开始思考到底教科书上有没有放照片呢？会不会教科书本没有照片，而是我读了杜甫的诗后便在脑中营造出了画面，然后错把脑中的画面记成了教科书上的照片，还将其当作珍贵回忆怀念至今呢？

杜甫《蜀相》一诗所描绘的武侯祠就像十九世纪法国印象派画家所展现的穿透枝叶间隙的阳光般明亮。这种明亮在诗句里也表现为不见人影的闲寂，同时，正因为明亮，才让人甚至还能感觉到逝去的光——历史——之奇幻。

映阶碧草自春色，隔叶黄鹂空好音。

或许是因为看到了如此这般的景物描写，我才在脑中编造出了一张武侯祠内的照片吧。

“以前这里的树确实很繁茂。”当地人解释道，“遇上了旱灾，树全都枯了，现在这些树都是重新种的。”

据说这些树是在新中国成立之后才重新种上的。我们拿到的很简洁的参观手册上也写着国民党执政时期武侯祠曾一度荒废，新中国成立后才得以大规模修缮，并且还增设了文物陈列室等，现在的武侯祠已成为能够接待大量游客参观的景点。

无论如何，中国文明的古老程度实在是令人惊叹。杜甫到访武侯祠是在 760 年的晚春，也就是说武侯祠在唐代就已经有郁郁苍苍的古柏了。在明代和清代，武侯祠得以整顿改建。

明治三十八年，日本人山川早水入蜀，前来武侯祠参拜。那时武侯祠里的柏树就和杜甫的诗所描绘的一样苍郁。山川早水在其著作《巴蜀》中写道：

> 满祠柏林，郁郁苍苍，数清里外得望。

柏树林中有六座纪念孔明的石碑，其中最古老的一座立于唐代，具体来说是唐朝元和四年，即公元 809 年。杜甫离开这里四十九年后，武侯祠立起了纪念孔明的第一座碑。

“这座碑人称三绝碑。”讲解员站在碑前介绍道。据说三绝指的是文章、书法、雕刻技艺绝佳。

碑文由中唐有名的宰相裴度（765—839）撰写，他一生曾为四代皇帝效力。裴度非明哲保身之人，曾立过许多功劳。尤其是边境动荡不安时，他总是挺身而出前去平定。到了晚年因唾弃宦官跳梁，故而选择回到洛阳的别墅与白居易等诗人饮酒作乐。从《旧唐书》《新唐书》的《裴度传》来看，三绝碑的碑文是他年轻时于边境辗转平乱期间所写。碑文的书法则出自柳公绰（765—832）之手。新旧《唐书》中也有这一人物的传记。相传他也是一名正直清廉的官员。而雕刻碑文的则是一位名叫鲁建的人物。

诸葛孔明身材高大。直到现在人们也天经地义地认为山东人都是彪形大汉。就连我们日本人见到身材魁梧的中国人也都会问他是不是山东人。

可以说“山东大汉”一词在中国人人皆知。

相传孔明在隆中结庐而居时偶尔会去西边的乐山，一边爬山一边唱家乡山东的民谣《梁父吟》。当然，他的发音是齐音（山东话），毕竟他是山东人。

《三国志》的作者陈寿编纂了《蜀相诸葛亮集》。《蜀相诸葛亮集》共有二十四编，内容包含孔明的遗文、遗言、故事等。陈寿将其呈献给晋武帝时，在封面上写道：

> 亮少有逸群之才，英霸之器，身长八尺，容貌甚伟，时人异焉。

当时的一尺为二十三厘米，因此其身高则为一米八四。三顾茅庐才见到孔明的刘备身材也并不矮小，相传其身高为一米七三（七尺五寸）。

陈寿连孔明的身高都知道，这不仅仅是因为他也出生于蜀。他们几乎是同一时代的人，而且陈寿之父在孔明晚年时期曾是蜀军将校。孔明身为蜀国丞相，同时也是蜀军统帅，陈寿打小就从父亲以及身边的其他人那里听到了很多关于他的事情。

孔明晚年时期，蜀军的名将比起建军初期少了很多。当时，蜀有一将名曰马谡，孔明很是爱惜，不断提拔他。马谡有着才子的秉性，恃才心强，屡屡触犯孔明之禁令。一次，孔明命其带领大军出蜀远征，与魏作战。结果马谡在街亭（甘肃省秦安县东北）大败。孔明根据当地地形做出判断，对马谡发出了“万万不可在山上布阵”之禁令，而马谡却违背了这一命令，这就是败因。

事后，孔明在追究战败的责任时说：“我时刻保持着心里那杆秤的平衡，不会因为他人而改变轻重。”而后按照军法将马谡处以斩刑。“挥泪斩马谡”这一有名的故事便出自《蜀志·马谡传》。此外，据《襄阳记》记载，马谡曾写信向孔明请罪。信里写道“明公（孔明）视谡犹子，谡视明公犹父”，“谡虽死无恨于黄壤也”。相传当时有十万民众为孔明处事之公平以及对此表示谅解的马谡之态度而落泪。

孔明亲自为马谡吊丧，并且恩待其家属，给予他们庇护。

不只是马谡，其他对战败负有责任的人也都受到了刑罚。从荆州襄阳时期起就和孔明是朋友的向朗被罢免官职，前线指挥官张休、李盛也被处死。马谡下属的参军陈某也被处以髡刑（一种剃去头发的刑罚），而陈某便是《三国志》作者陈寿的父亲。

——陈寿或许对孔明怀恨在心。

后世之人有这么一种先入为主的观点。随着后世之人对孔明的敬慕越来越强烈，人们开始表达对《蜀志·诸葛亮传》的不满。

陈寿在文章中赞扬孔明的无私、对人民的爱、对官员的公正以及赏罚分明的严正态度，他还写道孔明也因此受到举国上下的敬畏与爱戴。一方面陈寿认为孔明作为政治家是能够与管仲、萧何相提并论的天才，另一方面又对其军事才能提出质疑——“应变将略，非其所长欤！”后世之人最为不满的便是这一句。后世通常认为孔明是军事天才，然而陈寿所写的《诸葛亮传》作为孔明传记的原典却对其军事才能打了个问号。这对后世的孔明迷来说定是一桩恼事。

陈寿的质疑具体来说就是《诸葛亮传》的最后一句。

然连年动众，未能成功，盖应变将略，非其所长欤。[①]

陈寿在文章最后用缺乏论证性的、近乎印象批评性的文字做概括后便戛然停笔。在攻击（而且是隐微地攻击）他人时，这种写法直到现在也屡见不鲜。

有人评论说："陈寿算是替父报仇了。"甚至还有人用陈寿在世时的一些小故事做例子，说他从人格上就不具备书写正史的严谨与公正。

我自然是没有能力去评论陈寿在修史这方面到底有多称职或者不称职。不过，他在《三国志·魏志》中编入了《倭人传》，此文描写了他所处的三世纪日本人的形象，直到现在也对古代日本史的研究起着很大的作用，这实在是令人惊讶。

就像画家想在画布上画画一样，孔明想要的是能够施展自己才智和抱负的舞台。这是他唯一的欲望，除此之外他既不渴望飞黄腾达，也不渴望荣华富贵。有好些证据可以证明他对权力以及其他事物的欲望都非常淡薄。甚至是性欲都与众不同。除了妻子以外，他似乎再没有与别的女性有过交集，就连娶妻的过程都很不寻常。

荆州襄阳有一名士黄承彦，某日，他前去草庐拜访年轻的孔明，开门见山地问他要不要娶自己的女儿。

---

①（孔明虽为伟大的政治家）然而他连年劳师动众都未能成功，大概临机应变、做大将的谋略并非他的长处吧。

黄承彦亲口对孔明说自己的女儿黄头黑面（《襄阳记》——发色发黄面部肤色发黑），长得很丑。

“不过小女的才华绝对配得上你。”黄承彦说道。孔明当即答应娶其女为妻。当地人听闻此事哑口无言，甚至还把这件事编成歌谣来唱。《襄阳记》中记载的那首歌谣不太好直译为日语，总之大意是说“孔明居然娶了阿承（黄承彦）家的丑女儿，真是让人吃惊”[①]。

此时的孔明还很年轻，以隐者自居，实则是在等待能够施展自己抱负的机会到来。他自己并没有想要成为英雄的欲望，而是希望找到想要成为英雄的人借用其权力来让自己的志向生根发芽。为实现这一目标，他必须要和权力社会保持联系。

从这一点来看，黄承彦就与荆州名士以及掌权之人多有联系，比如其妻便是当地名门蔡讽之女，而蔡讽的另一个女儿则嫁给了荆州之主刘表。对孔明来说，当了黄承彦的女婿就等于掌握了荆州的主要人脉。

后来刘备出现了，与其说是刘备得到了孔明，还不如说是孔明得到了刘备。刘备采纳了孔明所有的想法和计策，对孔明来说，再没有比刘备更好的良主了。刘备首先就认可了孔明提出的“前去益州（蜀）将其作为根据地而后三分天下”这一基本想法。蜀汉因此而成立。

也就是说，蜀汉帝国完全是从零建起来的。

刘备尽管有关羽、张飞等手下，但没有自己的领地就好比没有

① 原文为“时人以为笑乐，乡里为之谚曰：‘莫作孔明择妇，正得阿承丑女！’”

赌资还跑去赛马场看赛马的疯子一样。不过，刘备靠着自己的声望招兵买马，而孔明则以此为资本为其提出了三分天下之计。他们来到蜀地，建起了一个王国。这个王国与魏、吴相比并没有什么存在感，刘备死后仅仅四十年、孔明死后二十九年就灭亡了。

蜀国依靠刘备之德、孔明之政治与军事谋略，以及关羽、张飞、赵云之骁勇善战加上蜀地天险才得以保全，欠缺其他现实条件。

孔明最奇怪的一点就是尽管他被襄阳名士称为英杰，拿找工作来比喻，他却主动选择了一家没有资产的破公司。如果他渴望的是飞黄腾达，那么他完全可以去投靠势力排第一的魏，为曹操所用，而且他的远房表亲诸葛诞也在魏做官，他有着很好的门路。其长兄诸葛瑾又在势力排第二的东吴，他只要想去随时都可以去。

如此看来，最后选择了刘备这样的人为其效力，孔明存在于这个世界的姿态还真是风雅不羁。说到底，如果孔明不为刘备效力，那么三国时代这段壮阔的历史就不会那么有戏剧性。

这么说的话，蜀汉——甚至是三国鼎立——或许都不是历史之必然，而是靠孔明一张嘴说出来的。从这一点来看，孔明应该可以说是时势中的艺术家，这一人物所拥有的一切造就了这段历史。

不过，如果交战规模达到了需要政治策略和作战策略做支撑的程度，那么除了计谋以外，其他实质性因素也会在很大程度上决定战况的走向。如陈寿在《蜀书·诸葛亮传》的结尾处所写，孔明连年打仗都未能取得关键性胜利，但这并非孔明军事才能之优劣所能决定的。甚至可以说孔明将几乎没有什么现实可能性的蜀汉保全了这么久，陈寿应该对此感到惊讶才是。

12 孔明之政

汉朝建立于公元前 206 年。到了汉武帝（前 156—前 87）时期，汉朝将天下划分为十三个州。这一时期，蜀（四川省）也成为一个郡，名叫“益州郡”，后改称为“蜀郡”。不过，这一时期的益州郡还包括现在云南省的一部分地区。据《汉书》（完成于 105 年）中的《地理志》记载，益州郡总共有八万一千九百四十户人家，人口为五十八万零四百六十三人。

蜀郡共有二十六万八千零七十九户人家，人口为一百二十四万五千九百二十九人。

春秋战国时期李冰建造了都江堰，而后人口得以增长。顺带一提，中国早在古代就已经确立了官僚制，在政治上有着浓厚的统计情结与成熟的统计技术。因此，上述数字绝非随意记载。

将益州郡的数据与《汉书·地理志》中出现的其他郡（当时的郡面积与今天的省相当）相比就会发现，黄河流域、淮河流域等很早就得到开发的地区人口更多。比如魏郡（河南省）共有二十一万二千八百四十九户人家，人口总数为九十万九千六百五十五人。若将魏郡的面积与益州郡进行对比便能发现中原地区人口非常稠密。

此外，汉武帝将朝鲜半岛的一部分也纳入版图并设置郡县。其中具有代表性的乐浪郡共有六万二千八百一十二户人家，总人口数为四十万六千七百四十八人，因其面积狭小，故不难想象此地人烟稠密。去了那里就能更加感受到益州地广人稀。

到了东汉，蜀地人口有了飞跃性增长。据《后汉书》第二十三卷《蜀郡》记载，其总户数为三十万零四百五十二户，总人口数为一百三十五万零四百七十六人。

三国时期的刘备采纳了孔明的“三分天下”之计，打算将蜀作为根据地，这也是在考虑了蜀地的经济实力后做出的决定。另外，地势之天险也让蜀地与大陆其他各地隔离开来，《后汉书》也将巴郡的数据与蜀郡一并列了出来，巴郡总户数为三十一万零六百九十一户，总人口数为一百零八万六千零四十九人，若将巴蜀合起来考虑可以算作一个很大的经济圈。

《三国志》中出现了一个名叫庞统的人物。庞统，字士元。孔明年轻的时候，庞统与其都生活在襄阳。而孔明之妹又嫁给了庞家一个叫山民的人，因此孔明与庞统算是姻亲。庞统后来也成了刘备的谋臣。两人还是默默无名的书生时，庞家长者庞德公曾评价孔明是卧龙，而庞统则是凤雏。《三国志·庞统法正传》中记载了刘备入蜀前庞统献策之事。那时庞统说道：

今益州，国富民强，户口百万。

所谓户口，指的是户数和人口，若结合《后汉书》中关于蜀郡与巴郡的记录来看的话，此处或许单指户数，而人口数则基本上是户数的三倍。汉武帝设置益州郡便足以说明此地发展显著，刘备将此地作为根据地建立蜀汉也是理所当然的。

我已重复多次，蜀地的发展是依靠秦国蜀地长官李冰修建的都江堰。这种用于灌溉、治水的大坝对多条河流起着调节作用。水坝建成后，人们修的水渠四通八达，形成了一个巨大的水渠网。这些水渠滋润了成都平原，蜀地经济才得以发展起来。

得蜀之后，孔明明白了都江堰才是养育蜀人的“心脏”，尽管兵力不足，但也常年派遣数千名兵士驻守于此，从不怠慢。

孔明并非法家之徒，但以法治蜀可以说是其政治特征。法家与儒家、老庄并列为中国自古以来政治思想的三大主要流派。

到战国时代的某一时期为止，法家的主张都还只停留在思想的阶段，而战国七雄之一秦采用了其主张后一跃成为强国。然而秦在统一中国大陆之后仍采用法家思想施政，颁布了大大小小各种法律来束缚百姓。秦朝也因此失去了人心，后由刘邦建立起了大汉帝国。

刘邦进入秦的都城关中咸阳后，把关中各县的父老乡亲们聚集起来对他们说道：“大家长年遭受秦朝法律的折磨。我会把秦朝的法律全都废掉，只约法三章。杀人者判处死刑，伤人、盗物者判处相应的罪行。仅此而已。”[①]

因得此承诺，大家都十分高兴。刘邦并没有什么固定的政治思想，硬要说的话则比较接近老庄思想。为刘邦效力、全权负责行政的萧何以及军事方面的谋臣张良都自觉是老庄门人。

然而在此之后要将大汉帝国如此庞大的国家维持下去，光靠刘邦的约法三章无法面面俱到，最后还是重新制定了很多的法律。尽管到汉武帝时期独尊儒术，但这也并不意味着法家的性质就变淡了，反而是儒教思想吸收了刑罚主义。

蜀在刘备等人到来之前由地方官治理，纲纪松懈，贪官频出，法治废弛。

孔明制定了蜀所必需的法律，人称“蜀科”。科指的便是法律条文。从马谡一例便知触犯法律者都会受到严厉的刑罚。尽管孔明并非法家，但可以说他是严格的法治主义者。反正他可不是倡导儒教德治主义、对触犯法律者“拱手作揖以德化之”的人。

孔明并非自己一个人就制定出了蜀科，他让法正、李严等有学识教养的官员来帮他一同制定。法正是多才之人，曾效力于蜀地前代政权，但却怀才不遇。刘备控制蜀地之后，他当了蜀郡太守。然而他却为了报往日之仇，治罪于曾经让他吃过苦头的人，甚至还定过死罪。

有人跑到孔明那里告状：“蜀郡太守法正因旧怨而罚人，甚至

---

① 日语原文为现代日语，而非汉文体，因此译文仍然直译为现代汉语。文言原文为“父老苦秦苛法久矣，诽谤者族，偶语者弃市。吾与诸侯约，先入关者王之，吾当王关中。与父老约法三章耳：杀人者死，伤人及盗抵罪。余悉除去秦法”，此处日语原文只截取了其中部分内容。

还定过死罪。您可得好好惩罚法正啊。”

孔明陈述了法正在刘备困难的时候所立下的旧功，并回应说事到如今要惩罚法正实在是做不到。

孔明定是因为做此思考才认定制定法律是当务之急。孔明将这位问题颇多的蜀郡太守法正选为制定法律的负责人之一，让他在自己身边做事。在谈论孔明时很少会有人提这件事，但如果要窥探孔明到底是怎么样的一个人，那这件事则十分有趣。孔明并未惩罚法正，反而让他制定法律并以太守的身份去执行法律，以此来控制法正非法行使权力。

在此过程中，孔明开口就是这个法律那个法律。法正叫苦连天：“制定这么多法律是要做什么呢？从前，高祖（刘邦）一入咸阳便立即废除了秦的法律，只约法三章，您应该思考思考。”

他用陈词滥调进行批判。

孔明回应道：“你从来都没想过任何事物都会有它发生的背景吗？”

孔明接着说：“高祖约法三章是因为秦法过于严苛，保留下去政治上不会有出路，天下百姓怨声载道，这是整件事的背景。如今我们在这里制定法律也是有背景的。蜀与秦相反，前代政权在法律上没有威信，官员滥用职权来满足一己私欲，这便是导致人民疲敝的原因。”

孔明还说，除了刑罚也还需要增加褒奖制度，有功之人要对其大加奖赏。

尽管孔明待人友善，但他从未赦免过谁。所谓赦免，指的是饶恕罪人并将其释放，犯下重罪的除外。中国自《周礼》问世以来，赦免制度就已成为传统。这一制度实际上就是为显君德而放的烟花，对儒家政治来说几乎成了一种传统活动。赦免也可以说成“赦宥”，另外还有“大赦”一词。所谓大赦，指的是君主对犯下十恶罪行以外的囚犯进行赦免。另外还有曲赦，指的是在限定的地区进行赦宥，首都或者某一地方的囚犯能够得到饶恕。

蜀地之前的统治者也就是刘焉、刘璋政权基本上没有什么治理能力，唯独每年的赦令是从不耽搁。

既然能够颁布赦免的非王即帝，那么不太正统的政权或许就是要通过赦免来告诉当地百姓他们是正统的掌权者。

蜀汉也算是自立为王的政权。

据《三国志·蜀书》记载，蜀汉也搞过一次大赦。

刘备建立蜀汉是白手起家，在得到诸葛孔明之后将“三分天下”之计作为大方针，仍然经历了很多苦难。进到成都城里花了五年时间；进入成都五年后，始终奋战在前线的关羽阵亡；又过了七年改国号为“汉”，刘备才当了皇帝，并将那一年（221）定为章武元年。

> 章武元年，夏四月，大赦。……以诸葛亮为丞相。

登基有一系列活动，其中就包括大赦。顺便一提，刘备在风云变幻中逐渐老去，当上皇帝时已年过六旬。二十七岁与刘备相遇的孔明也已经四十一岁了。就在刘备即位当年的七月，曾与他和关羽结义的张飞死于非命。蜀汉帝国就像迟开的花一样，显得有些冷清。

总之，蜀汉废除了赦免制度，这在中国的行刑制度史上应该也是特例。这也说明刘备、孔明这对组合对其统治很有自信。

孔明曾说："政治的基本在于大德。只要有大德，就不需要诸如赦免这样的小惠。"①

赦免确实只是为显君德而作的秀，即便是暴君昏君也会按照惯例进行赦免。换言之，赦免甚至可以说是儒家政治颓废的象征。

孔明的法治主义说得露骨一点就是通过制定法律以及严格的执行来约束民众，同时也用褒奖来调动人们的情绪，对罪人则完全不会施以小惠，近乎冷酷。法家思想的教科书《韩非子》与马基雅维利主义相似，以性本恶和权术主义为基础。将此推行天下的秦失去了人心，加速了灭亡。蜀汉若还是按照教科书写的去做，其统治也会岌岌可危。

然而实际却并非如此，孔明及其政治直到后世也受到蜀人以及所有中国人的普遍敬仰，这是因为孔明的法治主义以对人民的怜爱为基础，而覆盖在其法治之上的则是他与生俱来的大德。再者，孔明无私的程度实为罕见，这也是蜀人能切身感受到的。

由此看来，孔明的法治主义政治学并非任何人都能效法，其成立的基础是孔明的人格因素。正因如此，他才没有在中国政治史上常青，而是一直活在戏剧、故事等有剧情的世界里。

① "治世以大德，不以小惠"，出自诸葛亮的《答惜赦》。

13 葛巾像

前文已经提过武侯祠内部的构造，进入大门之后到第二道门之间是“柏森森”的林子。

径直穿过树林通过第二道门，便进入了第二个空间。正面是供奉刘备的主殿，左右则是回廊。

空间构造完全是中国人喜好的左右对称。

而且还很有戏剧性。左右两侧的回廊似乎在守护正面的蜀汉皇帝刘备之殿舍一般，右侧回廊排列着文官的塑像，左侧回廊则排列着武官的塑像。文武官雕像共计二十八尊，均为着色泥塑，呈现出中国式的写实风格。从日本人的观感来看稍微有点花哨。

于明治九年（1876）夏入蜀的竹添井井也来看过这些塑像。《栈云峡雨日记》中的井井遭遇连日降雨，唯独到访武侯祠的七月八日这一天的日记写着“雨止”。

出南门（注：成都城的南门），过万里桥。

行三里，谒先主庙。

竹添井井在文章中并没有说武侯（诸葛孔明）祠，而是将君主刘备提出来称之为“先主庙”。井井并未预先做任何说明便直接写出“先主”，从中能看出日本人对《三国志》的喜爱，这一点甚是有趣。

“先主”一词的意思本来只是“先前的主人、君主”，而在《三国志》中则特指刘备。这一用法始于《三国志》的撰写者陈寿。陈寿原本就是蜀人，而且他对刘备怀有特别的敬意，故称其为“先主”，又称刘备之子刘禅为“后主”。

连一千多年后的日本人竹添井井都还把刘备称作先主，这足以看出《三国志》影响之大。

不过，严格来说影响更大的是稗史小说《三国演义》。

人们对三国中蜀汉的喜爱（同时对魏国曹操的厌恶）虽然在《三国演义》之前也存在，但在《三国演义》普及之后才成定局。

《三国演义》的作者是十四世纪的罗贯中（生卒年不详，元末明初人），他生活在元朝这个对汉文化持否定态度的少数民族王朝，因而从知识分子阶层跌落为市井读书人。《三国演义》从正史《三国志》中获取素材，但在人际关系上则更加戏剧化。比如在《三国志》中并无“桃园结义”一事，但在《三国演义》中却出现了。

刘备，字玄德，年二十七岁，到州郡城里看到了募集勇士的布告牌。他长叹一口气正要离去时，身后有人大声叫住了他。此人身丈八尺，豹头环眼，燕颔虎须。他便是张飞，字翼德。接着是关羽，字云长，身丈九尺五寸，髯长一尺八寸，丹凤眼，卧蚕眉。

他们欲结义为兄弟，而张飞提议次日于桃园举行结盟之仪。

> 飞曰：吾庄后有一桃园，花开正盛；明日当于园中祭告天地，我三人结为兄弟。

次日，他们在桃园里用乌牛白马祭拜天地并焚香起誓。誓言的内容为："念刘备、关羽、张飞，虽然异姓，既结为兄弟，则同心协力，救困扶危；上报国家，下安黎庶。不求同年同月同日生，只愿同年同月同日死。"刘备等人所处的东汉末年并没有此种形式的结义风俗，相传真正出现此种风俗是在宋朝以后。宋朝是商品经济繁荣的时代，因此古老的封建伦理（君臣之义等）开始崩溃。尽管没有达到欧洲那种程度，但鲜明的"个体"意识确实诞生在了中国社会当中。相互扶助这样的横向关系伦理得以确立，这为后来所谓"帮"的秘密结社之成立提供了条件。既然《三国演义》的作者罗贯中是宋朝之后的元朝末年之人，他当然就是生活在有此种结盟习惯的时代。也就是说，那个时代的伦理与习惯使得罗贯中将三人的"联合"创作为"结义"这一充满戏剧性的情景。①

《三国演义》的戏剧性要素非常丰富，不仅读的人多，而且还有人将其作为说书的底本。此外，《三国演义》还为戏剧创作提供了不少著名的场面。刘备、关羽、张飞以及诸葛孔明的形象从此深

① 也有可能是比《三国演义》更早问世的《全相三国志平话》（写于元代）中有记载，不过我并不了解《全相三国志平话》。

入人心。

江户时期的日本也有很多人读《三国演义》。其全译本（《通俗三国志演义》五十卷）于元禄二年（1689）刊行。序文中署名“湖南文山识”，译者湖南文山似乎是一名临济宗的禅僧，但又有传闻说那是假名。实际上译者到底是谁并不清楚。

明治二十六年，博文馆“帝国文库”系列丛书将湖南文山的这一译本收入其中，刊行了活字本。我手上有的便是“帝国文库”收录的版本。

在江户时期的日本，这一译本也成了说书用的底本。

关于以《三国演义》为素材的说书，我在昭和三十三年左右曾请教过现已离世的画家菅楯彦。他祖籍在冈山县，明治十一年出生于大阪。他自学日本画，将四条圆山派与大和绘融合，描绘出浪花[①]的风俗与历史。其晚年过着近乎隐士般的生活。

我向画家请教的是他十岁左右也就是明治二十年左右的情况，当时的大阪城里还留有江户时期的风韵。

> 无论哪个町都至少有一个说书场。说是说书场，其实也就是把联排房屋中的一间腾出来说书而已。一整年都有说书人来讲《太平记》、《难波战记》、《三国志》（注：演义）等。都很长，说完得要半年甚至一年的时间。《太平记》讲到中间大家都疲了，客人也越来越少，于是门上就会贴

① 浪花：大阪市的古称，汉字可写作难波、浪速、浪花、浪华。

上一张字条，上面写着“今日起正成[①]登场”。讲《三国志》也是这样，说到关羽、张飞的时候很有意思，客人都会挤着来听。不过中间肯定会有倦怠的时候，等要说到玄德（注：刘备）去草庐拜访孔明的时候，又会在门上贴出“今日起孔明登场”的字条。于是之前走掉的客人又会抢着回来听。

通过这次怀旧谈话就可以知道人们对孔明的了解与喜爱甚至渗透到了异国他乡普通百姓居住的城镇里。同时，这也证明了罗贯中《三国演义》的魅力。同种类的小说中，举欧洲的例子来说，亚历山大·仲马的《三个火枪手》（1844 年刊）便与之相似。不过，尽管两者都包含侠义元素，但无论是故事舞台的壮阔程度还是人物形象的创造，《三个火枪手》都远不及《三国演义》。

《三个火枪手》的故事背景也有其历史真实性，虽然只是微乎其微。大仲马只安排了脚指头般大小的史实便开始往上拔高，与此同时放飞创造性想象。这也说明了大仲马对历史社会批判精神的微弱。而《三国演义》将曹操塑造为奸雄，可以说这正是浓厚的批判精神在发挥作用。

然而时至今日，大仲马的知名度要高得多。不知在巴黎、纽约等地到底有多少人知道罗贯中这个名字。就连在日本通常人们也不知道这个名字。

明治之后，日本学习的对象从中国转向欧美。包括罗贯中在内的汉文世界不再享有主流待遇，它被放到日本人“知识世界中的乡下”

① 正成：指楠木正成，日本人喜爱的历史人物之一。此处意思是说书说到了吸引人的地方。

去了。这便是日本人不再知道罗贯中之名的原因。

我转了一圈回廊，看到了关羽、张飞、赵云等武将以及法正、李严等文官的塑像。正面的刘备殿里立着刘备的金泥塑像。当然，塑像穿着皇帝的衣冠。刘备六十四年的人生当中只有最后三年当了汉（蜀汉）这个短命王朝的皇帝。

他在晚年的最后时期为了替关羽报仇而亲自率领大军出蜀征战。刘备并不擅长打仗，屡屡败退，最后逃到了长江峡谷中的白帝城（永安），终病亡于此。

当时孔明在成都。卧病在床的刘备把孔明叫到枕边来，留下了遗言。遗言的内容在正史《蜀书·诸葛亮传》中也出现了。当然，那时应该有负责记录的史官在场，其他亲信应该也在场，因此刘备的遗言算是正式发言，其内容应该是真实可靠的。

> 先主……谓亮曰:“君才十倍曹丕,必能安国,终定大事。若嗣子可辅，辅之；如其不才，君可自取。”

儒家思想向来重视以血缘关系为基础的传承，而刘备的遗言“如果不行就你来接手”在中国历史上实在是非同寻常。即便是在现代社会，日本的中小企业极少会有企业创始人对手下的经理留下这样的遗言吧。

穿过刘备殿便是第三个空间。此区域中可以视作里院，建有诸葛亮殿。

殿内正面供奉着孔明的金泥塑像。孔明既是文人，也是武将。不过即便是上战场，他也不曾甲胄裹身。尤其是在多病的晚年时期，上战场也都是身着日常便服。

他上战场坐的是没有任何装饰的肩舆，头上戴着用葛藤纤维制成的葛巾当作头巾（据说当时只有野人或隐士才会戴这种头巾），手上拿着一把指挥用的羽扇，手无寸铁。而眼前的这座塑像便和历史记录的模样相同。

到清末为止，财富流向官僚是中国的传统。孔明虽为蜀汉帝国的最高官员，但其财产却少之又少。据《蜀书·诸葛亮传》记载，他有一次曾对后主刘禅说："我在成都有桑木八百株，薄田（贫瘠的田地）十五顷。"土地的面积基本上能让家人不愁吃穿。其俸禄为八十斛，仅凭这点俸禄是存不了钱的，其夫人甚至都无法置办换穿的新衣服。不过，孔明却感到很满足。到清末为止的中国，如果当了地方长官，即便一点也不贪污，也能有让子孙三代衣食无忧的副收入进账。因此，孔明在中国官僚史上也是十分罕见的存在。

他听到上文中刘备的遗言后，涕泣曰："臣敢竭股肱之力，效忠贞之节，继之以死！"誓死效忠后主刘禅。刘备死后，蜀的势力开始变弱，与其坐等被魏消灭，不如拼尽国力采取军事行动。孔明四十七岁率领北征军从成都出发时，为后主刘禅献上《出师表》，此事闻名于世。

孔明最后一次上战场是第四次北征。那年他五十四岁，在布阵于五丈原（陕西省岐山县）与敌军对峙期间的八月病逝。蜀军对此秘而不宣，而后撤退。

其遗骸并未运回成都。按照遗言，他被葬在了定军山（陕西省勉县东南），遗骸只是埋在山中，没有建冢。如此薄葬在传统的中国社会也非常罕见。

明治九年，竹添井井在进入四川之前经过陕西，渡过沔水踏过草丛到定军山参拜了孔明之墓。途中，他还在草丛中看到了孔明驻扎此地时的大本营遗垒。据其记述，所谓的墓就是“一个土堆高高隆起”，孔明之墓似乎也就是一个堆着土的小小坟头。

那时的战场便是如今的勉县，而当地人直到现在都对孔明抱有强烈的崇拜之心。对此，竹添井井十分惊讶。

> 嗟！沔人之于侯，饮食必祭，水旱疾疫必祷，坟曰爷坟，庙曰爷庙。

成都的武侯祠也得到了新中国国家层面的保护。人们对公元234年去世的一个地方政权之丞相所怀抱的崇敬至今也未曾衰退，这或许不是因为孔明是一个多么神机妙算的战术家，而更多是因为他有着极其清廉的品格且对百姓的治理恰到好处。

14 浣花村

杜甫是盛唐时期的诗人，他一生都在流浪。

杜甫的流浪不同于在诗人中常见的那种痼疾一般的流浪，他是因战乱所迫不得不这样做。他为了躲避战乱而辗转各地，同时也是为了养家糊口，求得安身之所。

他在冬天湘江的船上去世，享年五十九岁。

前文已经提到过杜甫于四十八岁那年的十二月翻越过“鸟飞绝”的艰险蜀道来到成都。

在那之前，他在中国西北偏僻之地秦州及周边地区生活了数月。其间，他甚至有时候会把猴子吃剩的果实捡来吃。他的目的地蜀（四川省）农业兴旺，即便在乱世也能形成独立经济圈，人们的生活非常安定，因此很容易获取食物。并且，杜甫在成都还有当官的表亲和故友，他们多少能帮他一点忙。实际上，杜甫入蜀之后也得到了他们的照顾。

他在成都郊外建了一座小小的草堂，过上了久违的安定生活。可以说杜甫一生当中，在成都度过的这几年才是最安乐的。

虽然今天人们对杜甫的评价已经定型，都认为他是中国历史上最伟大的诗人之一，但是他在世的时候却只有一部分内行人对他有很高的评价,除此之外他并没有得到什么盛名,直到死后才得到认可。尤其是在宋代以后，杜甫开始受到人们的无比尊敬。

他在成都郊外的浣花溪畔只住了四年，草堂在他离开之后也就朽败了。到了杜甫大受赞赏的北宋时期，人们对草堂进行翻修以表纪念。自此至清朝期间，草堂久经风霜。后来，仰慕杜甫的成都官员以及有钱人还为草堂增建了庭园以及几栋殿堂。新中国也对草堂的建筑物以及庭园的竹木进行了保养维护。这便有了如今的“杜甫草堂”。

杜甫心里藏着极度的忧郁。

杜甫的传记为《旧唐书·杜甫传》。另外，他留下的一千四百多首诗和三十多篇散文，也都讲述了很多关于他自己的事。

杜甫出身于离洛阳很近的巩县（今河南省巩义市），其家族文武官辈出。尤其值得一提的是其祖父杜审言（约645—708）。杜审言虽然在仕途上只做到了地方官，但他作为诗人的名声高到《旧唐书》中都有其传记，即“杜审言传”。

杜甫的祖父杜审言并未得到与其才学相符的官职，这是因为他恃才傲物，而且性格偏激得有些病态。杜审言在江西任地方官时遭到同僚陷害，于是他十三岁的儿子杜并（杜甫的叔父之一）把短刀藏在怀里去见父亲的同僚，用刀刺杀对方之后自尽。祖父与叔父表现出来的过激性格或许杜甫也继承了下来，不过他采取了一生漂泊的方式将其深藏于心，又或者是通过诗词的方式表达了出来。

杜甫曾多次参加科举考试，却每每落第。当时恰值玄宗皇帝在位，而李林甫（683—753）这个恶人（ ? ）当了宰相之后独掌朝纲，据说他十分嫉贤妒能。在李林甫的秘密指示下，天宝六年（747）的一次科举选拔中，所有考生竟都没有合格，而杜甫就是受害者之一。

由此导致的怀才不遇之心境则成了杜甫一生的基调。杜甫一生从未耕种过。他带着包括仆人在内为数不少的一家人漂泊各地，有时为了谋生而捡个小官来当。然而只要遇到不称心之事，他就会抛下官职去到别处。

杜甫与同时代的官僚诗人不同，在流浪期间了解了民间的悲欢。他虽然把百姓的话吸收到了诗中去，但却从来没有像他们一样干过体力活儿。

对于杜甫的这些经历，我年少的时候——现在也是如此——没有办法不觉得奇怪。他为什么不垦田耕种呢？又为什么不去找个比如商店记账伙计的工作挣钱呢？若是在江户时期的日本社会，一个人即便有着杜甫那样的才华且出生在地方小有名气的家族，只要没能走上仕途，他肯定会为了谋求生计而自觉地考虑温饱问题，很少会有人采取杜甫那种活法。

在传统的中国社会，君子或士大夫、读书人的阶层因从事的是精神劳动，故其地位高于从事体力劳动的人。所谓“君子”，在孔子发展起来的儒家学说中指的是具备了高度道德性的理想型人格，也被用来指代官员。其前提就是无德之人不能为官。从这一颇为架空的前提来看，这两种含义在理念上并不矛盾。君子的反义词为小人，其基本含义指庶民、劳动者，同时也指无德之人。孔子在《论语》中很自然地为君子、小人分别赋予了上述两种含义。

到清末为止，中国、朝鲜的君子（大官）绝不会亲自劳动。与西洋人建立邦交之后，中国的地方长官曾看到过欧美的领事与其部下一起动手调换椅子的位置，甚感疑惑——那家伙是小人吗？他们产生了误解，甚至不愿意与对方平等对话。

杜甫虽不常在官位，但他属于知识分子阶层，因此他是君子，至少也算是从未想过要委身当小人进行体力劳动的阶层。

杜甫确实是怀才不遇。后世之人认为怀才不遇是他后来的真实人生充满戏剧性的原因，也认为其怀才不遇的经历与其杰出的诗作有着同样的分量。在人们眼中，他的人生也充满了诗意。但若从日本式的观点来看，说是怀才不遇，其实不过是科举考试落第没能当上大官罢了。坎坷——车辆行进艰难的样子、诗人不得志的状态——这个词在杜甫的诗中出现过。但是从江户时期的日本式观点来看，或许杜甫不应该带着家人到处给朋友添麻烦，而应该找工作或者是学点手艺好好干活。

若以正统儒教的规矩来看，江户时期即便是武士身份也算作“小人”。比如，中津藩士[①]福泽谕吉在咸临丸[②]渡美时成了幕府大臣的随从——拿行李的人；长州藩武士身份的井上闻多（馨）与其友人

① 中津藩士：中津藩是位于日本丰前国下毛郡中津的一个藩，藩厅位于中津城（立藩初时位于小仓城）。藩士是对日本江户时代的从属、侍奉各藩的武士的称呼。

② 咸临丸：幕末时期江户幕府拥有的一艘初级军舰。

伊藤俊辅（博文）一同乘坐怡和公司的船偷渡去英国时，在航程中都当过最低级的船夫。另外，在长州藩乡里有宅子的石取藩士基本上都是由户主亲自耕种，他们的生活和农民并无二致。

然而，在中国这些情况是不可能存在的。君子之“志”，治国平天下也。要施展此“志”就只能走仕途。煞费苦心修习儒学却得不到走上仕途的机会，这就是所谓的不得“志”。也可以说是坎坷、蹉跎、怀才不遇。中国的知识分子身上那种不明来历的、或者说作为传统天然就有的自高自大在杜甫身上也有所体现。当然这不是在评价杜甫个人的人格，而是在说能从杜甫身上看到传统中国的一个侧面。

其实杜甫也不是完全没有劳动过。他在长安的时候为了补贴家用也卖过药。后来去到靠近西域的秦州是因为他侄子杜佐在那里，但在秦州的生活比想象的更难熬，所以他还上山去采过药草，制成药后再卖出去。

到了蜀地成都之后，他曾暂时寄宿在西郊浣花溪的一所寺庙。

“浣”是用来表示洗涤的动词，浣花溪的意思就是洗花之溪。真是个优美的地名，听到这个地名便能让人想象出这样的画面：深山的溪流上低垂着树枝，树枝上簇拥着娇艳的花朵，花朵被溪流溅起的水花沾湿，摇曳生姿。

然而我们到达成都后发现，四面八方都很平坦，郊外也见不到能够形成溪谷的地形。

我们住宿的锦江宾馆旁边的南河（锦江的支流）自西流淌而来。沿着南河往西走便能到达百花潭公园，再往前便是百花大桥。过桥之后继续向西走就能到达位于田园之中的杜甫草堂正门。在杜甫住到这里来之前，这一带就有浣花村之称。

溪到底在哪儿啊？我站在正门前眺望，周围只有令人心情舒畅的平坦原野。要说水流的话，正门前倒是有一条用于灌溉的细水渠。水渠边团团细竹绵延不断，景色很美，这让我想起了曾经也咏叹过这一带景色的、杜甫诗中“客至”的场景。时值春季，水渐渐变暖。在慵懒的闲寂之中，难得有客人前来拜访。

舍南舍北皆春水，
但见群鸥日日来。
花径不曾缘客扫，
蓬门今始为君开。

蜀在唐代还是偏远之地，因此唐在成都设置了与其他边境地区相同的“节度使”。中央的训令很难传达到这些地方，所以地方长官也兼任地方军队的总司令官（不过在杜甫那个时代出现了安禄山之乱，因此连内地也设置了掌握此种半独立权力的官职）。

节度使获准开设幕府，即行政与军事之府。这也是日本幕府一词的来源。与中央的官员录用制度不同，节度使可以按照自己的意愿任用“幕僚”。

成都幕府当中有一位来自中央的高官，名叫严武（726—765）。《旧唐书》中也有其传记。身为名臣之子，他很早就荣升要职。而他又喜欢畅所欲言的议论和雷厉风行的政治风格，因此人们对他的评价并不一致。暂且不论这些，严武是杜甫自幼相识的朋友，这或许也算是杜甫来到成都的诱因之一。

严武的下级僚属中也有不少杜甫的族人，比如其从孙杜济以及异姓表亲王十五等。其故友高适也是高官。此外，成都还有不少人十分赞赏其诗才，如萧实、韦续、何邕等。

杜甫来到成都后马上就到浣花村的浣花溪寺借住了一间屋子，后来又在寺庙旁边求得一小块空地，建起了小小的草堂。

建草堂的费用是其表亲王十五出的，其他方面也仰仗了亲戚朋友的援助。杜甫在草堂周围种了桃树、绵竹、赤杨（据说三年就能长到成人的高度），这些树苗全都是友人送给他的。

杜甫草堂正门前水渠边的赤杨绿树成荫。据说赤杨是蜀地特有的树种，但我觉得跟日本桤木很像。日本桤木多种于滋贺县湖东平野水田田埂，用于挂晒收割的稻子。眼前的树木和细密的灌溉水渠网络相辅相成，这才让我联想到了近江的田野。

前文已经提过杜甫草堂和杜甫搭建的简陋草堂不是一回事，人们在原来的基础上增建了各种建筑和大大小小的庭园。这一切巧妙地组合起来才形成了现在的杜甫草堂。进去参观后我发现庭院里的树木种类多样，很是美观。

“这里的梅树很有名。”讲解员说道。杜甫很喜欢能结果的树，他还拜托过一位叫徐乡的朋友送他一些梅树、李子树苗。

杜甫在草堂居住的时间不足四年，后来发生战乱，他流浪到了别处。因此他应该没有见到自己种下的树木和竹子茁壮成长之后的样子。而失去了主人的草堂逐渐破败，庭院也就此荒废。

不过，后世的蜀人喜欢诸葛孔明的同时也甚是喜欢杜甫，前去拜访草堂的遗迹并在四周游玩成了成都的一种风俗。

中国的官僚同时也是诗歌的创作者。赴任成都的历代地方长官必定会去拜访草堂，他们渴望近距离感受诗圣之魂。宋代一位名叫吕大防的官员为草堂重新设计了布局，增建了房屋和庭园。此后，当地人将草堂称作“杜公祠”，与“武侯祠”齐名。以官僚为中心的成都诗坛常常会在草堂举办诗歌酒会。在此种氛围之下，人们又新种了梅与竹，以慰杜甫在天之灵。如今草堂里单是竹就有十多种。

草堂达到现在的规模靠的是清朝乾隆年间从中央前来赴任的四川布政使杜玉林。

“清朝的杜玉林是怎样一个人呢？”我向讲解员问道，大家笑而不答。有人说因为都姓杜，杜玉林当时或许自称是杜甫的后代吧。

杜甫在诗中常常称自己为野老。

他住在草堂的时候，伫立在庭院中，心中不由得涌起一股幽默。

“呐，”他自言自语道，“桃李均为我种，并非没有主人。这间破房子也同样如此，尽管墙很矮，但也还是家。这么明显的事，春风这家伙却不当回事儿，尽欺负我这个乡下老头子，昨天晚上居然把花枝给吹断了。看看地上掉落了多少枝花，这就是证据。”

手种桃李非无主，
野老墙低还是[①]家。
恰似春风相欺得，
夜来吹折数枝花。

---

①是：通常作“似”，此处按原文写作“是”。

15 竹园

我们从成都西郊的杜甫草堂上车，横穿市区南部一路向东。

终于又看到了锦江的支流南河。相对杜甫草堂的位置来说，这里是下游。老成都城东门外有一座望江楼公园，那里是赏竹的名胜之地。

这座庭园建于清朝，现在成了市民的公园。我看观光手册上说这里最早是1889年建起的崇丽阁。1889年也就是日本明治二十二年，是日本颁布宪法的年份。明治九年入蜀的竹添井井并不知道这座园子，因此在《栈云峡雨日记》中也没有提及。

明治三十八年入蜀的山川早水则到访此地，其著作《巴蜀》中就有“望江楼”一项。文中记载：

> 此为成都城外第一游园。……此园正是游人聚集最多之处。

园内最醒目的便是外观壮丽的崇丽阁，除此之外还有吟诗楼、浣笺亭、五云仙馆等大大小小的建筑点缀在竹木之间。

山川早水正要进入这个坐落于南河河畔的庭园时，在入口处看到了写有“挟妓禁入”的立牌，但不清楚为何会有这么个禁令牌。

我并不清楚近代以前中国“公园”的情况。用明治以前的日本来举例的话，公园大概就是江户的百花园、京都的岚山、大阪的住吉大社这类地方吧。这些地方在充分利用自然环境的同时，也有一些建筑、庭园等多少包含人工成分的设施，而且百姓进入也是免费的，里面也有飘动着“休息处”旗子的茶馆。望江楼（山川早水来到这里时，这里只叫作望江楼，并无公园之称）也是很久以前就有了茶馆。不过，修缮建筑以及维护庭园的费用到底是谁出呢？我不知道江户的百花园是什么情况，仅仅知道京都的岚山是幕府（京都所司代[①]）在打理，但具体的安排我就不清楚了。大阪的住吉大社应该是神社自己负责吧。要问清朝望江楼保养修缮的机构，那我可真是一点头绪也没有。

《巴蜀》一书中记载道：

> 临江处有濯锦、吟诗二楼。眺望殊妙。置酒张宴者，概于此楼。

这里还会举办诗酒之会（也有纯粹的酒会）。当然，场地费、酒菜钱应该是少不了的。但这些钱进了谁的口袋呢？收钱的人应该是用这些钱来对庭院和建筑进行修缮保养，但收钱的人到底是谁呢？

---

① 京都所司代：是幕府职称，一般由谱代大名担任，是幕府在京都的代表。

实际情况如何实在是不清楚。

无论如何，之所以“挟妓禁入”是因为如果酒宴上有艺伎的话乐器的声响会盖过周围的其他声音。而且如果有别的团体在赋诗，歌舞表演则会给他们带来很大的困扰。恐怕这就是不让带艺伎进来的原因吧。总之，从入口处放置禁令牌这一点来看，这些楼的所有权似乎不属于个人。我猜测这些楼要么是公有的，要么就是半公半私性质的。

《巴蜀》一书对园内的情景有如下描述。

> 园内树竹蓊蔚（注：树木茂盛繁密状），幽径曲池，柴门石梁，陶砌云根，极具中国情趣。高楼低榭，点缀其间，任其游人住宿游玩。至于普通酒饭，一般在园内小肆皆可得。

尽管与西洋的公园不同，但从游人皆可自由地“住宿游玩”这一点来看，这就是公园。而且比西洋的公园更有人情味的是，这里可以租借席位举办宴会，也有满足人们对寻常酒饭（小吃轻食）之需求的小肆。

公园现在自然是由国家经营。

因此，别说挟妓入内了，连“置酒张宴”也不行。但是，比起山川早水参观时，如今这里维护得更好了，公园整体井然有序，可以说已经符合了西洋风格的公园概念。

此外，与山川早水造访时的不同之处还有一点，那就是如今这里已经彻底成了赏竹的公园。

先前在杜甫草堂散步时我还惊讶于园内竹子种类众多，我不由得瞪大了眼。谁曾料想望江楼公园里的竹子种类竟多达一百多种。

此前在机场到成都城区的路上，我惊讶于所有村落周围都有竹丛，体会到了蜀乃竹之国。而望江楼公园里不仅有四川当地的竹子，还从全国各地获取了众多品种，打造出了一个名副其实的竹园。不知这一想法来自何人，但其构思实在是妙不可言。竹生性笔直，能让人的心情变得清新爽快。数竿成群，抑或是无数青翠的竹竿形成竹林，高高的枝梢摇曳时像是在轻拂天空。穿行于林间“曲径”，身体内的渣滓似乎也被清洗干净了。

我喜欢阅读写竹的诗文，也喜欢吃笋。不吃笋也行，读读写笋的随笔也挺好。

《竹之书》（竹内叔雄著、昭和十七年、昭森社刊）应该说是一本观赏随想，书中写到了烤竹笋。刚挖出来的竹笋直接切掉根部，掏空笋节注入酱油，然后用切片的萝卜做塞，最后再用秸秆灰熏烤。这样的食物真要在现实中去吃那就有点犯糊涂了，还是读书想象一下就好。光靠想象，那种味觉就会满溢而来。

自古以来就有很多写竹的书。读这些书也只需要想象一下就可以了。读着读着，你可能会感觉自己像是走在南山城的竹林中一样。同时也会觉得竹子像怪物，它到底是树还是草呢？在古生物时代，蕨类曾长得像树一样高大。那竹子会不会也经历过类似的演变呢？会不会是同为禾本的植物发生了剧烈演变后成了今天竹子的模样留在亚洲水田地区的呢？

欧洲人第一次在亚洲的南方地区见到竹子时，搞不清它是树还是草。看到竹子时，他们在理性层面或许会觉得珍奇，但在感性层面会不会觉得有点毛骨悚然呢？珍奇感会上升成为异国情趣的象征，而毛骨悚然之感则会混杂在对亚洲人——尤其是对中国人和日本人——的怪异情绪中沉淀下去，最后在未经整理的情况下便永久淤塞于他们心中。

甚至连在竹文化中出生长大的我们自己都会存在这种情况。

中国历史上有一种冠，名叫“刘氏冠”。

建立大汉帝国的高祖刘邦原本只是沛（江苏省丰县）的一名无所事事的不良之徒。当时的中国人很看重相貌。而刘邦身高出众，美髯盖面。他除了与生俱来的宽阔胸怀之外一无是处，《史记》也如是记载。当时，很多四方之士想到他手下效力是因为仰慕其偶尔有些迟钝、待人宽宏大量——其中也有些滑稽的意味——的为人。也正因如此，像司马迁这样的知识分子则不太能忍受刘邦的无知和粗枝大叶。这位《史记》的作者尽管出生于拿着汉朝俸禄的官吏家庭，但对项羽反而更加同情。他不明白为何那般强劲的项羽最后败给了刘邦这样的人，其文章笔触多少透露出了此种遗憾。

刘邦在当上了沛东泗水的亭长（捉拿盗贼的小官）之后，觉得自己终于也成了君子，于是为自己戴冠——他自己独创的冠。薛（山东省）特有的竹子能剥下很多竹皮。刘邦让手下的求盗（即日本的冈引[①]）去薛取来竹皮做冠，戴上之后四处走动。用竹皮做冠即便在那个时代也非常奇怪，而刘邦则以此充分满足了自我展示的欲望。历史有时候会开很大的玩笑，这个二流的乡下无赖当了皇帝之后，“刘

① 冈引：捕吏。江户时代作为“同心”的助手负责搜寻、逮捕犯人的差役。

氏冠”也就随之上了档次。

“爵非公乘以上，毋得冠刘氏冠。”刘邦如此下令。

《史记》对刘邦的人物描写尤其精彩，光靠一顶竹皮冠就让刘邦还是乡下无赖时期的形象活灵活现，充分展现了他的性格。若是竹皮以外的材料（比如北方的白桦树皮、貂皮或是南海的鲨鱼皮等）则无法展现出刘邦的洒脱、滑稽以及乡土气。

看着望江楼公园的各种竹子，我发现很多种类都是日本所没有的，而且竹林的风情也很不相同。

首先，这里有着南方特有的品种。

室井绰的研究经历足以让我们称他为竹博士，其著作《竹》（法政大学出版局刊）将竹子分为三大类，分别是竹、笹[①]、bamboo[②]。

室井博士指出欧美语言中的 bamboo 来自马来语。竹子着火燃烧后，竹节中的空气膨胀而后冲破厚厚的竹竿。马来语对竹子的命名则来源于这种爆破的声音。总之，bamboo 指的是在狭窄的面积里长出惊人数量的竹茎、竹梢朝向天空绽放开来的种类。这类竹子的竹茎或许会让人联想到虎杖[③]。

日本的刚竹、毛竹有着发达的地下茎，因此会在出人意料之处长出竹笋。而 bamboo 一类则几乎没有地下茎，也正因如此这类竹子可以种在大花盆里。bamboo 底部只需要很狭窄的面积，顶部就会

---

① 笹：日语中的“笹”（sasa）指小竹子、细竹，大致相当于中文的“筱”。

② bamboo：日语原文为“バンブー”，从英语 bamboo 直接音译而来，汉语没有对应的名称，故采用英文名称。

③ 虎杖：蓼科多年生草本，自生于山野。

像花束一样绽开，向着天空伸展。

望江楼公园竹子配置的有趣之处就在于此。各个种类的 bamboo 种在花盆里，分散放置在各处，而整体上又呈现出不可思议的协调之感。

当然，公园里也有通过地下茎生长出来的竹林。bamboo 主要集中在公园入口附近，而地下茎发达的竹子则在公园深处蔓延开来。竹丛之间弯曲的小路让景色显得很有深度。bamboo 点缀下的景色明朗又单纯，而地下茎发达的竹林则给人一种幽邃清净之感。来到这个公园我才意识到应该将竹与 bamboo 分开来思考。

我们一行人是乘坐巴士从杜甫草堂来到望江楼公园的，而之前来到这里的竹添井井则是乘舟顺着锦江支流南河而下，在望江楼边上的岸。

当时还没有如今坐落在公园以北的四川大学。

我们走在公园里，时不时会碰到看似学生之人。公园里随处可见粗制的水泥桌凳，而在 bamboo 旁边的水泥桌凳前，有一个穿着跑步衫的学生正在认真地阅读化学教科书。

“快要考试了啊。”横川健小声说道。

横川的经历与我们比起来很不寻常。他父母在新中国成立后留了下来，在成都从事农业相关的工作，因此他小时候就住在这座城市，长大后又上了四川大学。

十八年后再次回到年少时生活的地方，这个人却忌惮将自己的感情强加于人，尽力不让自己的感情透过表情外露。

然而，当他看到这个在水泥桌凳前翻阅着化学教科书的青年后，或许是回忆起当年自己也有过这样的经历，走在藤棚下时他小声说道："以前为了背俄语单词不知道往这里来回跑了多少次。"

——我们去四川大学校园里面看看吧。

这是我到成都之后不停对这个人说的话，但是他每次都是微笑着拒绝。他说为了自己一个人而改变大家的行程，心里实在是过意不去。不过到了望江楼公园，所有人异口同声地说要去四川大学，他也就屈服了。

说是要去，其实就在旁边。

我们先从公园入口出去，虽然距离很近，但还是坐了巴士到大学正门。宽广的校园里人影稀疏，偶尔才能看到穿着白色实验服的人横穿过校内宽阔的道路。

"我们那个时候整个中国都还很贫穷，有学生穿草鞋，还有人把落叶卷起来当烟抽。"横川说。

后来，我们走到一幢红色屋顶的三层建筑前，这个人突然就走不动了。我们抛下他逛了一圈，走累了便回到巴士上。我问他那幢建筑是什么，他说："那是我曾经住过的宿舍。"据说那幢楼本来是给研究人员住的，但当时的外国学生很少，所以也让他住了进去。

巴士开动之后，他站起来向大家表示谢意："感谢大家为了我特意来到这里。"

面对如此郑重其事的横川，所有人的表情都显得不知所措，坐在巴士后面的人还高高举起双手，似乎是想通过这样的动作来表达"你太客气了""来了四川大学真好"的心情吧。

16 古代西南夷

六月十日星期三清晨，我们离开了成都。

出发前往云南昆明。

飞往昆明的航班起飞时间是在大清早，所以这一天我们五点就起床了，六点离开锦江宾馆，七点之前就坐上飞机绑上了安全带。七点零五分，飞机起飞。

“蜀的天空还是这么多云啊。”我对横川健说道。尽管飞机上升气势汹涌，我们仍未能脱离如牛奶般浓密的云层。

在四川时，我从横川那里听来了“四川的狗见到太阳就会狂吠”这一说法，深感语言之有趣。其实，就算是蜀地之犬，也绝不会见到太阳就叫个不停，但这种表达方式能够延展人们对多云阴天的想象空间。回国之后我才发现早在唐代中期，文人韩愈（768—824）就使用过“蜀犬吠日”一词，意思是见识短的人接触到卓越的言行举止时无法理解，觉得奇怪而进行攻击。韩愈本人并未来过四川，但既然他用了这一比喻，那就说明蜀地云雾之浓密已是常识，众人皆知。

“蜀地周围都是山，所以水蒸气才活动不畅吧。”我看着窗外乳白色的云层说道。把蜀当作第二故乡的横川带着有些抱歉的表情回答道：“我觉得是这样。”

“云南省的天空应该会不一样吧。”尽管我说了理所当然的话，但横川也不置可否，只是说他也是第一次去云南。

蜀之地势像是处在海绵做的箱子之中，与此相对，位于偏远西南的云南则整体处在高原上，风的流动畅通无阻。

成都到昆明直线距离有六百多千米，一路上天险重重，在航空交通发展起来之前通常是无法完成的旅行。

心生贪念不知满足的意思可以用“得陇望蜀”来表达。

此词在《后汉书·献帝纪》中作为曹操的话出现。蜀国刘备还在世而魏国曹操势力不断扩张的时期，曹操降服汉中，且夺得了陇（现在的甘肃省）。此时，司马懿（字仲达）献策“趁势一举进攻蜀国”，曹操对此则以慎重的态度予以拒绝。他说：“人啊就是因为不知足才会觉得痛苦，我们已经夺得了陇，还要想着去进攻蜀吗？”

由此可以看出，从古代的交通地理来说，甘肃省（陇）与四川省（蜀）之间的路相对来说还算是好走的。

云南省可不是什么偏僻之地，根本就是天涯海角。至少在曹操的视野里是没有云南的。秦王朝曾向蜀地派遣过将军与文官，首次将蜀纳入汉民族的版图，而这一版图中并无云南。

云南进入汉民族政权的视野是在汉武帝时期。

汉武帝是中国历史上打造了最辉煌帝国的帝王。他的聪明才智得以发挥、渴求政治昌盛之欲望得以实现离不开财力。汉朝自刘邦以来就厉行节俭，从不平白无故地耗费国力。在此基础上，汉朝初期的萧何采取了“休养生息”的方式而获得了成功，这也成了此后的传统，农工商因此呈现出一片盛况，府库充盈。

汉武帝知道西方有不同种族的文明世界，试图为极易封闭于内陆的中国文明打开一扇大窗。可以说他有着非常强烈的好奇心。

他在召集有志者的过程中募得冒险家张骞，而后派遣其出使西域，为的是打通交通路线，同时也稳定与沿线国家的外交关系。

——汉帝国外缘到底住着什么样的人，他们有着什么样的文化，自然景观又是如何？

汉武帝对这些充满好奇。他的好奇心有着很强的爆发性，阻碍其欲求的势力主要是匈奴。

这个以中国北方蒙古高原为根据地的游牧民族大帝国历来都让汉王朝难以抗衡，汉朝只能以屈辱的外交向其求和。到了汉武帝时期，汉朝则开始与其正面交战，且屡战屡胜。

人们通常将汉王朝取得的胜利归功于名将卫青以及霍去病之天资，而我个人则认为汉王朝获胜是因为当时匈奴还在使用青铜兵器。有不少证据可以证明汉族自战国末年起就开始普遍制铁，而铁器制造在古代阶段发展得最快的时期便是汉武帝时期。

汉兵在与匈奴的骑兵对阵时主要采取步骑混合的形式。用箭作战时，汉兵射出的箭上装的是又重又锐利的铁制箭头，匈奴的青铜箭头还没射到这边，汉兵铁制箭头就已经射穿了匈奴的胸甲。

汉武帝似乎不喜欢封闭的地方，他渴望推倒包围着自己国家的墙壁，去看看外面的世界。他与“南越”进行外交谈判，谈判破裂后直接派兵上阵，使得辖有今日中国之广东、广西以及越南等地的南越政权臣服于汉朝。

同时，他也将目光投向了今天的云南省。

“云南”之名大概是因为这里位于云雾笼罩的蜀地（四川省）以南吧。对此，我在从成都飞往西南的飞机上有了切身感受。到昆明的飞行时间是一小时十分钟，其中有五十分钟都在灰色的云里。终于，飞机飞出了云层，蓝天出现在眼前。下方的土地与蜀地不同，呈朱红色。地表覆盖着热带常有的深绿色草木。我们到云南了。

汉武帝时期，人们将四川省边境的山地、贵州省以及云南省一带居住的各个民族称作“西南夷”，有时也指这片区域本身。

除了喜好畜牧的藏族，这里居住的几乎都是稻作民族，这种情况直到现在也还在持续。这里的人也吃鱼，而且是生吃。因为这里的民族与日本人存在相似之处，所以也有一种假说认为在云南省种植水稻的少数民族就是日本人祖先中的一支。这一假说如今也以其魅力得到了很多日本文化人类学学者的提倡或支持。我对此也持赞同态度。

不过，这并非意味着他们一下子就从云南到了日本，而是经历了一个过程。这样考虑才更自然。

水稻种植需要充足的光照和湿润的环境。中国最适宜水稻生长的地方自然是长江（扬子江）流域。云南省则地处长江上游。种植水稻的人们泛舟顺江而下，在长江中游地区发展起来的便是春秋战国时期的楚。后来又下到长江下游的江南地区，形成了吴、越两股势力。进一步而言，在地理条件上越国比吴国更容易出海。古代的越国人带着水稻、稻作技术以及稻作礼仪，乘船随着季风渡到日本。时至今日很难再对此种观点进行实际验证，但至少这样思考是很自然的。反过来说，长江下游越国人的祖先便是长江上游种植水稻的西南夷。

种植水稻的西南夷与日本种植水稻的村落一样，都位于有水流的山谷里。山谷里树木苍郁繁茂，环境潮湿且雾气凝重。面对这样的自然环境，居住在半干旱地区的人们则将其称为“瘴烟蛮雨”之地。如果当时的人们知道了以多雨著称的日本纪伊半岛的自然条件，是不是也会用同样的词语进行描述。

汉武帝料想到若要与之交战则少不了水战，便做了相应准备。

比如，他命人在长安郊外挖了一个大水池用来进行水战训练，并给水池起名为“昆明池”。

当时长安所说的“昆明”与现在的云南省省会昆明的位置一致，但其所指范围要比今天的昆明更大。对于居住在昆明、进行水稻种植、有着先进的青铜器文化之民族，长安用“滇”这一奇妙的发音和文字来做其称谓。昆明有湖名曰滇池（现在也还有），当地人在湖里打鱼，也从湖里引水灌溉。或许是因为他们如此依赖于水，所以汉朝对其的称谓里才有了三点水吧。

汉武帝为了讨伐西南夷以及华南地区的南越，建造了高十余丈的楼船和战舰浮于昆明池。据《史记·南越列传》记载，征战南越时汉朝派遣了十万水军，大获全胜，并在当地设置了郡县。

然而，进攻山峦层叠、瘴烟蛮雨的西南夷却困难重重，首先需要做的事情就是在山里开辟军用道路。但在施工过程中，很多人因罹患风土病而倒下。而且，西南夷还会利用险峻的地势进行袭击，这让习惯了在平坦地形上以密集队形作战的汉朝军队束手无策。汉武帝击败了匈奴的无敌军队，却在这里遭遇了挫折。

此后经历了许多曲折，西南夷才归顺于汉，不过也只维持了很短的时间。后来他们还是脱离了大汉帝国，回到了原本的独立状态。

此后，三国时代蜀国的诸葛孔明曾一度派兵进攻这里，虽然险胜，但也未能使其臣服于蜀。

处于西南夷中心地带的云南省进入中国版图是在很久之后的元朝。汉朝怎样施展武力都拿不下的地方却在元朝时完全纳入王朝的版图。

后来到了明清，他们也并非完全悦服于朝廷。

西南夷可以说是天生的战斗者。每一个部落都有自己固定的领域，他们拒绝外部之人靠近。尤其是苗族，他们的剽悍令人战栗，其性格以及集体行动的方式酷似日本历史上的隼人。

清朝时期他们看似已臣服，然而只要稍有差池，小地方也会发起猛烈的叛乱。

我屡屡引用山川早水的著作《巴蜀》。山川早水来到四川成都的明治三十八年（1905），四川省最西端的偏僻之地巴塘就发生了叛乱。

山川早水以当时中国和日本的习惯将少数民族视为“蛮族”。早水在书中也写过成都人把少数民族叫作“蛮子”。早水还曾经看到过十几二十个少数民族来到成都时的场景，他们简直是意气风发，满脸自豪的表情。

体格健壮，身高五尺七八余寸，皮肤带黄铜色，剃半头，头上不围布，不戴帽，当然是光着脚的。特别奇怪的是，其服装好像是牛皮制成的袈裟，从半肩到腰部松弛地半吊着。

早水在成都街上看到他们的时间是在冬季，但他们却不觉得冷，把赤红的脚完全露在外面，一边走一边大声地说着他们的民族语言。对此，早水做了如下描写。

大摇大摆阔步于大道之上，蛮容堂堂，大有不可迫近之气概。

早水还写道：

我到成都时正值官兵在巴塘与蛮族激战……

早水后来与讨伐军提督马维骐会面，直接向其询问了“蛮族”战斗的情况。马提督指着地图说：“尽管我们击毙了他们的首领，其官兵之士气却丝毫没有衰弱，反而还高涨起来。”早水在文章中写道：

这山一群那山一伙，神出鬼没。你退他进，你进他退。正攻，侧攻，其进退敏捷，非官兵之所能及。

且蛮敌大部分骑马（注：从早水的记述来看，所谓的蛮族似乎是古代白狼国的后裔，也就是当时信仰喇嘛教的藏语系少数民族），全携带精巧的后膛枪，其枪杆的中部有一双长腿，架在马脖子上，可作一座小炮台，连发神速所向披靡。

讨伐军偶然地将一群蛮族追到溪流边，其场景大致如下：

> 蛮兵们跳上系于岸边的牛皮轻舟，不顾一切地在大浪中向彼岸划去。上岸后又重新站起来进行远距离交火。这种蛮劲儿，不知是让人恨还是让人钦佩。

这里所说的“牛皮轻舟”应该是古代的一种舟。

马提督说他们“虽然只消灭了一部分”，但又补充道：

> 满山的蛮族其数之多数不清有几万，如全将他们镇压下去，并非一朝一夕的事，故暂且凯旋。

文章最后写道“马将军言毕大笑起来”。似乎清朝的这位马维骐将军也对敌人的剽悍抱有好感。

当时，清朝对山峰绵延的云南少数民族的统治程度也和上文所述的情况类似。

后来到了民国时期，这一带的局势稍微平息了一些。中华人民共和国成立后，这一带的少数民族已经完全成为中国的一员。

我们此次前往云南与山川早水之纪行不过只隔了七十六年，但从近代中国的政治来说，七十六年前已成了遥远的历史。

17 银桦的街道

总而言之，在空中看到的云南非常明亮。

土壤呈现的红色像是素陶花盆碎末的颜色。此起彼伏的丘陵像是给红土轻描上了一道道如唐三彩般朴素的绿釉。

“真是独特的色彩啊。”我跟画家须田搭话道。

每当飞机要降落时，这位画家总会把脸贴在窗户玻璃上，似乎忘记了呼吸般一动不动。今天他也如此，过了好一会儿才说：“云真白，还在闪闪发光。”

的确，这里的云和日本盛夏涌动在海面上的云朵相似，简直就像云朵本身就是发光体一样。

云南省的面积是日本九州的十倍，然而耕地面积只占其中的百分之七，农业出人意料地不兴盛。

这似乎是因为全省的水系网络不细密。就算是像我们这样从空中往下看也能发现，很多丘陵即便能够开垦为耕地也很难变成水田。

尽管山麓地带难得形成了低平的地势，但大多数地方都没有水流。

古代云南省一直都是古泰族的天下。这些可以称作东亚稻作祖先之人直到现在也还居住在种植水稻十分便利的河谷之中。

这样的河谷并不多见，因此他们才没有形成庞大的人口。

我们乘坐的飞机正在靠近云南省东部的高原。

汉武帝时期被称作“滇”的地区应该就是指云南省东部的高原。这里的大湖有滇池、抚仙湖、洱海。

我们在飞机上也看到了一大片水域，后来才知道那就是滇池。

《史记·西南夷列传》对散居在如今四川省、贵州省、云南省的西南夷分族群进行了记述。

关于其中一个族群，文中记载道“夜郎最大”。夜郎国是位于现在贵州省西部的西南夷，汉武帝曾派使者带领士兵千人、人夫万余与其接触。

而关于西南夷之一的滇国，《西南夷列传》也有记载：

> 其西（注：夜郎国以西），靡莫（注：种族名）之属以什数（注：有数十个国家），滇最大。

汉朝使者也曾远赴滇国与其进行接触。滇王尝羌向汉朝使者问道：“汉孰与我大？”

《史记》作者还继续写道夜郎侯见到汉朝使者时也问了同样的问题。自然环境将社会封闭起来，因此他们并不知道外界的情况，自以为自己最大。这样的幽默体现在字里行间，由此还产生了一个成语“夜郎自大”，直到现在中日两国的成语中都还在使用此词。

不过，被视为笑料的夜郎也有些可怜。如前文所述，发出“汉孰与我大”之疑问的最先是滇王，只是“夜郎也提了同样的问题”。尽管如此，流传于后世的词语却不是“滇自大”而是“夜郎自大”。这或许仅仅是因为在汉语当中四字词比三字词的语感更好吧。

公元前 109 年，汉武帝派兵讨伐滇王，成功使其臣服于汉。

《史记》《汉书》都记载了此事，而近年来当地出土的文物也证明了这段历史。

从飞机上看不出来确切的位置。总之，滇池东岸（云南省昆明市）有一座“石寨山”，在 1956 年的发掘中，那里的古坟群出土了汉代金印，引发了人们的讨论。

金印上刻着“滇王之印”四个字。据推测，这是公元前 109 年滇王归顺于汉时汉武帝授予滇王的金印。恐怕事实也确实如此。

说到这里就不得不提在日本的博多海湾也出土了一枚相似的金印。这枚金印于 1784 年（天明四年）在如今的福冈县志贺町出土，而这一带就是古代的“na”（相传为傩县或那津的“na”）[①]。这里曾有过倭王，并且倭王臣服于汉，双方还有使者往来。志贺出土的金印上刻着“汉委奴国王”五个字。《考古学辞典》中小林行雄对“汉委奴国王”之记述称“委”为“倭”之略。

此印或为东汉之物。据《后汉书·东夷列传》记载，公元 57 年，光武帝时期倭奴国王曾向汉朝贡。由此可推测金印是在那时授予倭奴国王的。

① 原文为“な”（na），日语傩县、那津的发音中均包含 na 的音。

据《后汉书》记载，金印只授予身居相国、太尉等最高官职之人或是臣服于汉的夷王。根据其身份不同，金印的大小也不相同。授予夷王之印方一寸。

无论是“滇王之印”还是“倭奴王之印”，均方一寸。

金印上带有钮（提纽），其形状一般或为龟形，或为其他动物的形状。

滇王与倭奴王金印之钮均为蛇形。

说“滇王之印”为汉武帝时期之物，当然只是一种推测。假如成功验证为东汉之物，这就说明倭奴以及距倭千里的云南大地上的滇都处于存在时间跨越公元前后的大汉帝国所影响的范围之内。无论如何，造访云南的我们都对此饶有兴致。

不过，我最希望的还是能多见见这片土地上身为古代西南夷后裔的人们。

上午八点十多分，飞机在昆明机场着陆。机场草地上的各种野草都开花了。明明才六月十日，太阳投射的光线仿佛盛夏般强烈。尽管如此，当天的温度却只有十九度，干爽的风让肌肤感觉十分惬意。

此次旅行，我在江南和四川见到了很多人，但他们当中了解云南的却屈指可数。这几个人在跟我说云南的时候都用了同一个词——四季如春。

云南省的西南方向便是广阔的印度洋，而从印度洋刮来的季风则影响着云南的气候。因此，云南大致可以说是南方气候，但巨大的高原使其远离了酷暑。同时，云南也没有严寒，连一月的平均气温都能超过九度，真可谓是四季如春。

当地人到机场来迎接了我们。

其中有一位年近七旬身材高大的绅士，他给人的第一印象十分吸引人，于是我就跟着他坐上了小轿车。他来的时候也是坐的这辆小轿车，而与我同行的其他人和当地来迎接我们的人则陆续坐上了小轿车后面的小型巴士。

太贸然了。

我有些后悔，慌忙之中把摄影师长谷抓了过来跟我一起坐小轿车。不过长谷对同乘一辆车的人没有兴趣，所以坐到了副驾驶座上，他的眼珠子就像变成了透镜似的只顾着看前方和两边的景色。我不得不一个人面对同乘一辆车的这位先生。

“您贵姓？”我问道。我说的汉语大多还使用新中国成立前的语言习惯。这种过于郑重的旧官话风格的说法或许现在已经不怎么用了吧。

“李乔。”这位年长的绅士答道。他脸型稍长，鼻梁挺拔，算是标准的汉族容貌，不过另外一个特征日本人偶尔也会有，那就是门牙很有精神地突出在外。

李乔老师是一名有着漫长创作经历的作家，我后来才知道他的作品还译介到了海外。

另外，我坐在车里就认定了一点，那就是李先生是汉族人。然而后来他本人说自己是彝族，出生在云南省红河州石屏县的彝族村庄。

彝族的彝，就是西南夷的夷。①

---

① 日语原文的彝族为“イ族”，其中“イ”的发音为 yi，与日语中西南夷的“夷”字发音相同。

按照中国当地的风俗，人们有时会将其称作夷人、夷家或夷民。

“夷”在中国古代是一种蔑称。在日本，情况则有些不同。平安时代，首都的公家[①]就以中式叫法称剽悍的坂东武者为夷。后来，夷之称谓则仅指乡下武士，再到后来甚至还变成了一种美称。因此，日本人若被称作夷则不大会感觉不愉快。

“新中国成立后，国家将夷族中的夷字改为彝，从此便有了彝族之称。”这是我们常听到的说法，但实际上从清朝的某一时期起，人们称呼这一民族便不再使用“夷”字，而是使用更为复杂的“彝”。

清朝本身就是由史称东胡的女真人[②]打下的王朝，因此十分排斥夷、胡、虏、狄等对异族的称呼。雍正十一年（1733），朝廷下令禁用“夷族”一词，而后则改写为彝族。

彝是出自《周礼》的古老文字，指的是宗庙祭祀时盛酒的器皿，实为雅字。另外，彝章指“应当遵守的规则”，而彝伦则指“人应该遵守的道德”。彝实在是个美好的文字。

诸桥辙次编著的《大汉和辞典》内容极其精妙。不过，就连如此精妙的辞典当中彝字一项也未注明“指彝族”之意。藤堂明保编著的《汉和大字典》中则将“彝”解释为：“居住在四川、云南、贵州省的藏系少数民族。”（关于彝族的语言，也有将其划为藏缅语族的分类方法。）历史在民族称谓方面也存在很棘手的问题。辛亥革命推翻了清朝的统治，建立起了共和政体，其历史功绩十分耀眼。但其口号包含了对其他民族的否定性要素。明治维新也存在相似的

① 公家：仕于朝廷身份高的人，相对于武家而言则指一般朝臣。

② 女真人：鄂温克族的旧称。

要素。从结果来看，明治时期进行了史无前例的革命，所谓的近代主义得到了弘扬。然而在明治维新前后，仅凭这些则很难形成革命的爆发力。神道、国学民族主义或者说尊王攘夷等复古性质、本地性排他主义才是起到引爆作用的关键力量。辛亥革命也同样如此，其口号便是“驱除鞑虏”。从结果来看就连对彝族的称呼也受到了牵连，又变回了“夷族”。

当时，国民党政府就称其为夷族。

或许是因为属于藏系民族，高大的彝族男性和其他身材矮小的云南少数民族相比显得尤为突出。

李乔老师的个子就很高，但当时我并不知道他是彝族，所以没有什么特别的感想。

“那是什么树呢？”我指着沿路的行道树问道。感觉跟日本扁柏有些相似，不过树叶的绿色稍微淡了一点，叶片簇拥在一起显得有些朦胧，仿佛是用绿色粉笔画出来的一样。

“那是银桦。”李乔先生说。银桦四季常绿，而且种下之后十多年就能长成耸立的大树，不过其木质柔软，不适合用来做木材。

我们已经进入了市区，而街景与银桦则搭配得恰到好处。

终于到达了我们要入住的酒店——昆明饭店。酒店周围便是银桦树林，灌木篱笆上还开满了红色的扶桑花。

走到酒店入口之前，我一直在眺望旁边的公路。那是条大路，骑着自行车的人们如浪一般来了又去。

“样貌和四川人不一样呢。”横川健似乎是有感而发。四川人多为圆脸、椭圆眼、双眼皮，而这里的人则绝大多数都是单眼皮。

去了曼谷就能发现当地人不管性格如何眼神都很犀利，而这里的人也完全是同样的感觉。街上来往的行人基本上和汉族没有区别，但这自然是土著民族从古代就开始与汉族人不断融合而产生的结果。

“街上的景色啊气味啊不会让大家感觉像在越南一样吗？”曾在越战时期去过西贡（胡志明市）的野村宏治渴望得到大家的赞同。确实，我也有同感。在没有国境的古代，无论是有着高原生活文化的族群还是在河谷里开垦水田种植水稻的族群，大家都活在同一片天地之中。

18 睡美人

云南省昆明市的昆明饭店非常亮堂，是一家好酒店，但是酒店里的设备有些老旧。

我进房间后躺在床上，忽而想起了明治三十五年（1902）来到云南对苗族进行人类学调查的鸟居龙藏博士（1870—1953）。

他来的时候云南处于清朝的统治之下，昆明则被称作“云南府”。

他从湖南出发，途经贵州进入云南。一路上遇到河川就乘舟，遇到山野就骑马或徒步行走，遇到风雨则在宿场的简陋旅舍躲避。除了学术成果以外，旅途中没有任何一件事情会让他身心愉悦。

其学术纪行收录于《从人类学看中国西南》（大正十五年、冨山房刊）一书当中，后来书名变成了《到中国的少数民族地区去》（朝日选书），文中的假名书写方式也改成了现在的风格。

鸟居龙藏进入云南府是在明治三十五年十一月二十三日。

他于此日清晨从昆明东北方一个叫板桥的宿场出发前往云南府。

路很平坦，没有什么起伏。

走了五里地便到了senkiutan[①]。在这里我看到了一名散密猓猓（注：现在称呼为彝族中的一支——撒梅族）女子在耕田。

一路上，我左右眺望着镇江府附近的山岭，到了放马桥便停下来休息，吃了朝饷。……走了五里地便到了十里铺。这座荒村只有六户人家。到这儿来的路上我们碰到了很多来来往往的散密猓猓男女。

此后，鸟居龙藏一直在下陡坡。走完漫长的下坡路，才来到了广阔的平原。他在这里也遇到了很多彝族男女。

再走十里地便到了云南府入口。壮丽的三层城门高耸于此。

如今这座城门却已不复存在。

我们到昆明饭店门口，准备乘坐小型巴士前往滇池。如今前去滇池可比鸟居龙藏那个时代轻松多了。

巴士开始穿行于街市之中。道路铺装得很好，也很宽敞。两侧茂密的行道树下，人们骑着自行车来来往往。偶尔也能看到装满货物的卡车。与龙藏纪行中的世界相比，眼前的景象完全是另一片天地。

---

① 原文为「センキウタン」，经查阅原文，「センキウタン」位于“板桥站”与“丰乐寺（别名金马寺）”之间的某处，而按如今的地图来看，丰乐寺与金马寺并非同一处，也找不到发音与「センキウタン」（senkiutan）相似的地名。

如今人们已经不再使用“猡猓族”或“散密猡猓”这样的奇怪汉字。

用于表达其民族称谓的词语除了猡猓之外还有猓猡、猡猡、猓猓、猪猪、猡鬼等。

十九世纪末至二十世纪初，从安南、缅甸等地进入云南的西方学者向当地人询问他们的民族称呼，后来在学术界固定下来的名称便是lolo。

当初，我们也理所当然地用了lolo族这一称呼，然而出生于1909年身为该民族的李乔老师似乎忍无可忍，用颤抖的声音说道：“lolo是蔑称。”

我们这才醒悟过来。

日本刚战败时，神田一桥一家名为日光书院的书店刊行了松崎寿和的优秀著作《苗族与猡猓族——西南中国民族志》。书中写到lolo一词与彝族的土俗信仰存在关联。

据说lolo指的是用竹子编成的小物件。彝族人将这个小物件藏在家里的某个地方，好让已故的父亲、祖父、曾祖父等近几代先祖的灵魂寄宿于此。lolo也指代这一习俗。这一习俗具有神圣且隐秘的性质，因此从他人口中说出“lolo”一词会让族人觉得这是在把秘密公之于众，又或者是在对神圣进行践踏。后来这个词还成了蔑称，难怪会让他们忍无可忍。

> 听到别人用这个词……他们就会觉得那是在侮辱自己的祖先。

若仅仅因为一个词而招致怨恨、遭人报复，任谁也不会好受。

鸟居龙藏本人十分热爱少数民族，特别希望能从苗族的古俗中发掘出同为稻作民族的日本人之古俗源流。他对少数民族绝无鄙视之意，使用猡猓一词也是因为当时在学术用语上需要一个名称。

“说到散密，曾经也写作散民，不过现在都不再使用。现在写作撒梅族。”李老师说道。比起密、民，梅字更雅。这还真是有趣。

明治三年（1870）出生的鸟居龙藏曾用猡猓做彝族之称呼一事就暂且说到这里。

顺便再提一提鸟居龙藏的经历。

他出生于阿波德岛一个富裕的烟草批发商家庭。小学五年级他就退了学，之后一直在家自学。据说他十六岁就加入了东京帝国大学教授坪井正五郎主办的东京人类学会，真可谓是体现了明治人早熟之风格。

他去东京之后在私塾学习英语、法语、俄语。二十四岁时得到了坪井正五郎的认可，受雇成为东京帝国大学人类学教室负责标本整理的工作人员。二十六岁时，也就是明治二十八年，他被东京人类学会派到辽东半岛进行实地考察。

此后，鸟居龙藏的学术研究便是建立在对日本周边的亚洲地区进行实地考察的基础上。他主要在中国东北地区、中国西南地区、中国台湾高砂族聚集区、千岛阿依努聚集区、琉球群岛以及蒙古等地区调查少数民族的文化，探求其文化渊源，同时也孜孜不倦地进行文化比较研究。从学术研究的方法上来说，他身上有着浓厚的人文科学气息。但从热情和精力上来说，他又表现得几乎能与江户时代的间宫林藏、最上德内、松浦武四郎相媲美。

鸟居在进入云南府的前一天，站在一个叫作长坡的高地上远眺滇池湖面。

> 宽广的湖面，就像一面展开的大镜子。我骑在马上指着湖面问随行的兵卒，他们回答我说那就是云南府附近有名的滇池。

顺带一提，当时清朝是欢迎外国人来进行学术调查的。他们给鸟居安排了兵卒来负责一路的安全。进入云南府后，鸟居首先拜访了洋务局。在他表达了想对南部的猡猓进行调查的意愿后，洋务局马上就给他办了所需的手续，还写了公文让地方官衙给予他便利。

我们乘坐的小型巴士开出了市区。右手边能看到低矮的丘陵，泥土的颜色红得就像是用颜料画出来的一样。我坐在车上向李乔老师询问原因，他回答说："这是因为土中含有铁元素。"

"左手的山，"李乔老师指着窗外的山说，"看起来像一位美人正在睡觉吧。"

那座山远看就像京都的东山一样，泛着朦胧的紫色横卧在那里。李老师说当地人把那座山称作睡美人。

听他这么一说，山体便真的能看出一位美人从绵延起伏的胸部到脸庞的轮廓了。

"她的头发就垂在滇池上。"李老师接着说道。不过，那时我们还没看到滇池。

"那座山的本名叫什么啊？"

"西山。"

听到这个名字，我更加止不住地联想到看起来像一个人盖着被子在睡觉的东山。

“睡美人这个名字应该不是以前住在这里的彝族传下来的吧？”我试探着问道。毕竟对风景进行比喻并将其文学化的做法应该可以说是汉民族文化的一大特征。

“应该是汉族起的名字吧。”李乔老师立刻就给出了回答。

睡美人横卧在远霞之下，田地里的各种蔬菜生长出了许许多多的色彩。

此地物产如此丰富，不可能无法孕育出古代文化。而唐代南诏国之兴盛就可以说是此地古代文化之代表。

当时云南势力的根源就在如今云南省西部大湖洱海（大理附近）以及省东部大湖滇池（昆明附近）。人们在大理盆地与昆明盆地进行耕种。两个地区都养育着庞大的人口，后来实现统一，形成了独立于唐的势力。唐朝为使其归顺，三次派遣大军前来讨伐，但均以失败告终。

南诏文化以水稻种植与青铜冶炼为根基，在摄取中国文化与中国佛教的同时也接受着藏文化、泰语系文化甚至是印度文化的影响，可谓是诸多文化的大熔炉。

后来，唐对其采取了安抚政策。九世纪初，唐接收了南诏国前来留学（地点为蜀地成都）的子弟，两者的关系应该是友好的。

当时，东海岛国日本也有遣唐使。尽管如此，对唐朝而言，日本虽然不隶属于唐，但也不需要从国防上对其进行提防。

日本属于藩国。这里所说的藩国并非是指野蛮国家，而是指藩（垣）之国，即“忠顺于唐朝皇帝的周边国家”。

从国防外交的角度来看，南诏国比日本重要得多。因为南诏国很有可能在青藏高原强大吐蕃军队的支援下叛唐。

公元 839 年为日本平安朝初期，以日本年号来说便是承和六年，以中国年号来说则是唐文宗开成四年。

在前一年，日本派遣了第十七批遣唐使。公元 839 年，这些遣唐使就在长安。

此次遣唐大使是藤原葛野麻吕（僧人空海入唐时的大使）之子藤原常嗣。据《续日本后纪》第九卷记载，藤原常嗣性格开朗，威仪出众，通晓中国史籍，且精于汉文，写得一手优美的隶书。

此年闰正月十三日，唐文宗在朝廷之上举行了会见外国使臣的仪式。指定的五国使节团中也有藤原常嗣。

此时唐文宗（809—840）三十一岁，在位十四年，其聪明才智众人皆知。然而唐朝内政却被朋党之争和宦官专权所困，边境藩镇也演变为军阀。纵使文宗有着过人的聪明才智，他对此也无能为力。

得以晋见文宗的日本国使臣在藤原常嗣之下还有二十五人，为了进殿晋见，所有人都盛装出行。然而日本国的席次仅为第二席位。

第一席位给了南诏国的使臣。由此可见唐朝为了绥抚南诏国花了多少心思。当时南诏国的使臣仪容粗野，头不戴冠，身上穿的还是毛毡。这与《唐书》中《南蛮列传》所描述的“男女衣皮”相符。

中国历朝历代都对云南的“西南夷”束手无策，无法将其收服。而到了十三四世纪元朝才首次将其征服，使其成为中国名副其实的领土。

元朝的版图十分巨大，但王朝的寿命很短。驻扎在云南省的蒙古兵要回到故乡蒙古高原相当于要跨越小半个地球，因此他们没能回去，在当地定居了下来。

“现在还有他们的后代吗？”我向李乔老师问道，没有过多期待。

“有。”他的回答出乎意料。

李乔老师说在通海县兴蒙人民公社一个叫下渔村的地方还有几千人。我向他确认那些人是不是真的是蒙古人。

“确实是蒙古人。不过在漫长的岁月中他们与当地的各民族通婚，如今个子变矮小了，也没了固有的风俗。那个村子里有块古碑可以证明他们是原来那些蒙古士兵的后代。”

巴士左边还能一直看到睡美人低矮的山貌。

李乔老师接着讲起了云南省的汉族。

“住在本省的汉族的老祖宗是从南京过来的。”他说。

元朝灭亡后明朝兴起，太祖朱元璋下定决心，果断地对汉族稀少的云南实施了一项政策。

他强制南京的居民迁移至云南，并实行军屯制度，使平叛军队就地驻扎。率领这些士兵的有三位将军，一位是朱元璋的养子蓝玉，另外两位则是傅友德和沐英。三人死后均葬在云南。他们带来的军民达数十万人。

“明初，汉族大规模移居至云南，这在历史上属首次。此后到新中国成立前都没有再出现过大规模移民。”李乔老师说道。

也就是说，在昆明街上与我们擦身而过的汉族人当中有不少都是明初南京人的子孙。

19 滇池登高记

我们正在不断地靠近云南富饶的源泉之一滇池——别名昆明湖。目前的路完全是上坡路，也不知巴士是什么时候开到了湖畔的山上。

从巴士左边的窗户望出去，能够透过树林看到如镜面般的滇池一端。

仅从这一端来看，湖畔是一大片原野，其高度与湖面基本持平，因此形成了十分应景的水田风光。

“没法去湖边吗？”我向李乔老先生问道。

“当然能去。但就是没有机动车道。”

远远望去，湖畔宽广的田园地带确实看不到像样的道路。明治三十五年来到这里的鸟居龙藏也没有去湖边，这或许是因为要穿过一大片水田很不方便吧。当然，对跨越了千山万水来到这里的鸟居来说，走走水田小埂绝对算不上什么难事。不过，他来这里的目的是做人类学调查，所以即便去了近乎无人的岸边，只是把脚浸在拍岸的浪花里，没有什么意义。

“滇池是高原湖，所以很深。湖心的深度有两丈甚至三丈。”李乔老师说道。

“湖边没有环湖路的话，那么东西南北各个岸边的村镇如何彼此往来呢？”

“坐船。”

如李乔老师所说，扬起三面长帆的中式平底船正在湖面上从左向右航行。另外，水田与湖交界处也停泊着一串小汽船。尽管湖面泛着折痕一样的涟漪，但眼前的一切——包括船——都像玻璃画一般静止无息。

“为了方便沿岸的交通，小船每天会绕湖航行一圈。”李乔老师说道。

巴士已经开进了深山。

两侧几乎都是针叶林。我之前听说云南省是照叶林的天下，似乎这一说法并不能站住脚。

“我好像没有看到栲树、樟树这些照叶树，云南省有这些树吗？”我问道。

李先生回答说：“没有呢。”

为慎重起见，我又问了问与我们同行的刘绮女士。刘绮女士的头衔很长，是云南省文学艺术界联合会副秘书长。她说着一口好听的北京话。抗日战争时期，她和家人从北京疏散到了昆明来。据说她当时才八岁。

我把“照叶树”几个字以及几种树名写给她看。她笑着说道：“没有，”又补充道，“针叶树占绝大多数。”

众所周知，中国多照叶林的地方是福建、广东等华南地区。而与这些地方维度相近的云南少有照叶林，有的较多却是针叶林，这或许是因为云南整体位于高原之上吧。高原地形决定了当地的气候没有日本西部地区或华南地区那样的酷暑，而是“四季如春”。照叶林则并不适宜在这种气候中生长。

这一路上都能从巴士的车窗看到滇池。

李乔老师指着模糊的对岸说：“那是呈贡县。”

尽管滇池周边是彝族等少数民族生活的地方，但他们的语言似乎并没有用到地名中去，所有地名都用的是汉语。元朝征服了云南，后来明朝接手统治。估计就是在明朝初期变成这样的。毕竟在明朝初期，奉天子之意，数十万汉人移居至此。汉文化的融入肯定也对地名造成了影响。

正因如此，我们也能看懂地名的意思。呈贡县指的大概就是向皇帝进贡的县吧。

“是向哪位皇帝进贡呢？”

“惠帝。”李老师告诉我。明朝第二代皇帝惠帝（建文帝）在位期间，朝廷对云南的统治已十分稳固，因此进贡是完全有可能的。

“贡品是什么呢？”

“是水果。那里有一种很有名的梨叫宝珠梨。呈贡县产的水果都很好吃，所有水果都会进贡给皇帝。”

水果要运到京城，应该是采取了什么特别的手段才能让其在长途运输中不坏掉吧。

明朝初代皇帝朱元璋得天下后,几乎把所有开国功臣都处死了。又因死时还没有完全决定好继位法，于是其孙惠帝二十一岁就登基了。他身边没有能靠得住的重臣,且受封为各地藩王的亲族势力强大。惠帝听取了亲信的提议想要废黜诸王，但却被统领华北的燕王抢先一步。首都南京遭袭，惠帝在战乱中下落不明。

他在位仅仅四年多。

云南的官员会向这位昙花一现般的皇帝进贡吗？我觉得说是惠帝，但其实可能是其他时代名称相同的皇帝。我正打算再问问，结果巴士却在这时停在了山腰上。

我回国之后查阅了文献，惠帝的遗体并未被发现，有一种说法是他逃到了云南隐蔽于世。如果是因此才在云南吃到了呈贡县的水果那还真是新鲜。不过这个问题无关紧要，总之最重要的是呈贡县的地名受到汉文化的影响。

巴士停靠的地方是一块只够车辆掉头的小平地。头上和脚下的山崖树木丛生，另一侧则是满眼的滇池风光。

“这座山叫什么呢？”

“西山（睡美人山）。”

李乔老师回答道。巴士开在平路上时他就已经告诉过我们山名了，然而冒失的我却没有注意到巴士什么时候竟开上了这座山，直到站在山腰上我才知道原来我们现在就在睡美人的颈部一带。之后我们还会爬上睡美人的脸部，不过得徒步。我们顺着山岩凿出来的石梯往上攀爬。

“这上面有什么呢？”

“有一座道观（道教寺庙）。”

原来如此，如果考虑道教的特征，那么把道观建在此种奇岩怪石堆积起来的山上或许就是很自然的事了。道教中也有着山岳信仰，这与日本大和的大峰山、九州的英彦山、四国的石锤山、奥州的羽黑山等地的修道场之山岳信仰相似。或者说其根源是古代东亚共通的信仰更为恰当。进一步而言，如果把日本的原始神道与道教放在东亚古代世界中来看，两者或许还有着“血缘关系”。

道教自某一时代起开始形成教团，也制定了教义。其教义的制定则大量借鉴了佛教的体系。道教也受到了佛教的佛像信仰（释迦时代并没有佛像，当时的佛教更偏形而上学的思想，到了公元一世纪左右犍陀罗国则开始将佛具象化）之影响，创造出了很多涂金、丹、蓝的道教式写实主义的神像。

这些道教的神明住在临湖岩山孤峰上的道观里会觉得高兴吗？

狭窄石阶的断崖一侧有铁制扶手，倒不用担心安全问题。不过，道观选址在如此险峻之地实在是令人叹服。

途中，我们路过了一家开在岩壁凹坑里的茶馆，于是便坐到路边的凳子上喘口气。

有很多当地的老年人前来参拜，其中几位穿着便于劳动的服饰的老妇人采完山菜顺便爬上来拜拜，路过这里时坐到了别的凳子上休息。她们个子都很矮小，看到我们之后都笑得很爽朗。这是她们第一次见到日本人。

“以前听说日本人都很矮小，这不是挺高大的吗？”

听她们这么高声说出自己的感想，我忍俊不禁。我们一行人当中并没有身材特别高大的男性，不过她们好像一直认为倭人都是身高一米多一点点的小矮人，所以看到我们这些四十多岁日本人的身高也会觉得我们身材高大吧。

“这意思是说小国民吧。”横川健说道。

“啊，原来云南也用小国民这个词啊。”

说是小国之民，其实有更多的贬义。

日本侵略中国时，国民党各机关部门都疏散到了云南。大学等机构也疏散到了这里。中国士兵把日本兵叫作“小国民”，当地人听到之后就直接从字面想象日本人都是小矮子。似乎这就成了当地人对日本人的认识之一。

“总比被叫作鬼子好吧。”我对横川说道，他听后抿着嘴露出了温和的微笑。“东洋”一词已经是上一个时代的汉语词汇了，而指代日本人的“东洋鬼子”一词便成了一段时期内中国人骂日本人的话。我在江南之行当中也提过此事，总之被当成“矮子”至少要比被当成“鬼子”（怪物）幸福得多。

紧靠山岩一侧有一道挂着“罗汉崖”匾额的砖砌小门，修建时想必颇受限制，然而其造型却毫不含糊。

另外还有一座挂着“三清阁”匾额的阁楼。

元朝时期分封到云南、至元末明初仍维持着半独立政权的蒙古藩王原在这座山崖上建造了离宫。

当地人称这位藩王为“梁王”。围绕着滇池的众山之中还有一座山叫梁王山。

梁王的蒙古名叫作把匝剌瓦尔密。

把匝剌瓦尔密并非恶王。他驻守在云南时，元帝国灭亡，蒙古骑兵都回到了故乡的草原上。唯独云南的蒙古兵团孤守于此。把匝剌瓦尔密驻守时倾尽全力治理云南，而后遭到明军进攻，自杀身亡。直到现在云南省还有一座山叫梁王山，这或许就是人们对这位统治者的印象不差之证据。

山体表面立着一块解说牌，上面写着：

据记载，三清阁旧址为元梁王之避暑宫。

但从蒙古人一般的喜好来思考，在山上建避暑宫似乎过于偏奇。虽然当了藩王，却还是觉得住在平坦地面上可移动的营帐里舒服。又或者三清阁旧址为梁王避暑宫只不过是传说罢了。

这里建起道观是在明清时期。

爬到石阶顶端就能看到一座庙堂，而庙堂里看似阎罗王的塑像则恶狠狠地瞪着攀爬上来的我们。

“那不是阎罗王，是道教里别的灵官。”李乔老师告诉我说。

灵官有三只眼，眉毛胡须都是红色，上排牙齿全部露在外面。他身着甲胄，手持长矛置于腰间。

两位身着靛蓝色劳动服的当地农家老妇跪拜在像前。

在新中国，佛教得到了保护。不仅有了“中国佛教协会”，而且各地有威望的寺院都是靠公费进行维护，僧人的数量虽然不多，但是也有那么一些。相比而言，道教则差一些。不过眼前的这座道观既有灵官坐镇，也有不少人前来参拜，尽管都是些老年人。它被保存下来的原因之一或许是道观本身可以作为从西山眺望滇池的观景台吧。

“从这里能看到石寨山吗？”我问了一句。

“滇王之印”常常用来与日本出土的“汉委奴国王”金印做比较。而出土了“滇王之印”的古坟就在石寨山。那片古坟区还出土了很多公元前的青铜器。这些青铜器则被称作“云南青铜器”，多为战国至西汉时期之物。尽管都是青铜器，但这里出土的青铜器与汉族的青铜器并不相同。可以说这些文物讲述着滇池周围繁荣一时的西南夷古文化。

“看不见。”李乔老师回答道。我们所处的这座山挡住了石寨山的方向，所以才看不见。

我们沿着石阶下山，回到了巴士上。

在下山的路上，我发现山坳里有一座宽敞的寺庙。

下山后走在寺内，我看到了广玉兰树上待放的象牙色花苞。

云南是很多种奇特草木的原产地。虽然广玉兰看起来也像是原产于云南，但实际上却并非如此，北美才是其原产地。广玉兰传到日本是在明治以后。它又是什么时候传到中国来的呢？

来到“天王宝殿”前，便能看到戴冠仁王的雕像，其面相比日本的仁王更可怕。建筑物的牌匾上刻着“海不扬波”四个字。这个词或许跟日本所说的“四海波静”比较接近，两者都是祈祷不要发生战乱的词语。堂内摆放着许多奇奇怪怪的佛像。为了守护佛法，这些佛像摆出了各种各样的表情和姿势。

这座寺庙名叫华亭寺。据说寺庙建于清朝，后在大火中烧毁，于民国时期重建。无论是始建还是重建，修建这座寺庙都是为了祈祷这个世上没有战乱，这才在山中供奉各位天王以守护佛法。

我们碰到了一位诚心叩拜的中年妇女，问了才知道她不是当地人，而是美国华侨。

“海不扬波。”

海上不可能没有波浪，但正因如此人们才会祈愿。美籍中年妇女走过广玉兰树旁的小径，其身影消失在了寺门那头。

20 大航海家

滇池实在是让人舍不得离开。

巴士才刚离开湖畔，我脑海里就浮现出了一幅剪影，上面还罩着蓝幽幽的帘子。如此水光山色不得不让人感叹神之威力。

关于滇池，我脑海中有两幅画面挥之不去。

其中一幅便是湖光船影——宛如银白色盘面的湖水上滑动着一艘竖起三根桅杆的帆船。

那种船型我从未见过实物或照片。三根桅杆高高耸立，风鼓动的帆看起来细窄得有些怪异，基本上可以算作长条形。

船帆极其细长或许是因为滇池上刮的风远远高于湖面。如果风刮的位置很高，那么也只能将船帆做成细长的形状使其能够扬到高处，这样才能捕捉到风。这些完全只是我自己的猜测，我并不知道这个问题的正确答案。回到家后，我偶然看到了一本中国拍摄的昆明影集，其中就有滇池的风景照。照片中有一艘那种船形的帆船正扬着帆，载着像石头一样的东西航行于湖面。

我用放大镜仔细观察照片中的帆船，发现其船壳横向的饱满程度与一般的帆船不同，与日本和船更为接近。船头没有日本和船那么尖，反而更像日本和船的船尾，因此其船头和普通帆船并无二致。

我照着照片用粉笔粗略地把船画了出来。

自然生长的黑木树干刨皮之后就直接用来做桅杆。帆的收放与普通帆船一样，均为帆骨式。帆上横穿着数根帆骨，松绳就能收帆，反之拉绳则能扬帆。

自公元前的滇国时期起，身为滇人除了种植水稻，还从事渔业。我们无从知晓当时他们使用的是什么样的船。

前文已经提过，汉文化融入云南是从十四世纪末明初开始的。我不清楚此种船形究竟是延续了滇人船形的风格还是地道的汉人船形。

李乔老师站在西山的岩石上遥指湖上的一个小点说道："那艘船要去昆阳。"他指的船就是我说的那种船形。那艘船的目的地昆阳与我们住的地方昆明隔湖相望。

关于昆阳，李乔老师还告诉了我们一件意外的事。

"滇池湖畔的昆阳是明朝郑和的出生地。"

郑和是世界史上伟大的航海家。郑和下西洋早于欧洲大航海时代拉开帷幕的时间，尽管只是早了那么一点。他带领的庞大船队总共承载了两万余人。在近代之前实现如此大规模的出航近乎天方夜谭。明朝之前的元朝在攻打日本时，第一次（文永之役）派出了九百艘船、两万六千余人，第二次（弘安之役）仅江南军就派出了三千五百艘船以及十万兵力。这虽为前朝之事，但如此大规模的出航到了郑和的时代或许对人们来说仍是十分鲜活的记忆。虽说元朝开了先例，但元朝进攻日本只不过是从朝鲜南端或江南出发到日本九州的短距离航海罢了，从规模上来说完全比不上郑和下西洋之宏大。

“是这样啊，原来郑和出生在滇池湖畔啊。”

我之前一直以为郑和出生在内陆，还一直纳闷生在内陆之人为什么能够实现如此伟大的航海——虽说即便没有出生在水边也能成长为航海家，但还是觉得那并非自然之事。

“没错，他出生在湖畔。”

“是在石寨山附近吗？”我问道。

据说如今昆阳县已不复存在，合并到了晋宁县，所以可以说是在石寨山附近。总之，我手上有的中国地图都没有标注石寨山、昆阳这些地方，所以无从知晓它们之间的相对位置，光是知道郑和出生在滇池湖畔的村落就已经很满足了。

《明史》列传第一百九十二篇有“宦官”一项，其中便有郑和的传记。文中并未注明郑和出生在云南的哪里。

郑和，云南人，世所谓三保太监者也。

其背景身世就只有这么短短一句。三保的意思不太好理解，或许是人们通常这样称呼他吧。所谓太监[①]则指宦官之首。人们称呼郑和并非只称太监，而是还加上了三保这一称呼。因此郑和在世时，

① 太监：太监原指古代宦官中的高级官员，明朝以后，成了宦官的代名词。

很多人都叫他“三保太监”而不知道他叫郑和。总之，郑和是一名宦官。

宦官自然指的是受过阉割之人。

阉割的目的是为了不让侍奉于皇宫、王府之人与后宫女眷引发任何问题。阉割也成了一种刑罚，通常称为宫刑或腐刑。腐指的是将根部绑起来阻碍血液流动，待其腐烂之后割除。这是我听过的一种解释，而人们通常则将腐理解为伤口发出的腐烂气味。司马迁因主张李陵无罪而被汉武帝处以腐刑（尽管如此，但他并未因此而沦为宦官）。因此后世之人也将司马迁的《史记》称作“腐史”。在中国，孝为最高伦理。要尽孝道就要繁衍子孙，代代祭祀先祖。由此可见给受刑人造成的伦理上的侮辱与绝望，腐刑最甚。司马迁遭受腐刑后化愤怒为力量，写下了《史记》。后人将其称为“腐史”不是侮辱之意，而是在对司马迁执笔动机之悲怆表达同情。

宦官并非中国才有。

相传古代东方诸国早已有之，甚至还传到了希腊、罗马。往东的朝鲜半岛也有过宦官。此外桑原骘藏博士还指出，蒙古虽然没有宦官，但建立起帝国的元朝却接收了主要由高丽进贡而来的宦官。中国历史上不存在没有宦官的王朝。

在古代，王室要么从遭受腐刑的人当中任用宦官，要么将藩族俘虏处以腐刑再进行任用，又或者是任用属国进贡而来的阉人。无论是哪一种情况，宦官本质上就是宫廷奴隶。

到了后代，有很多贫民争相入宫做宦官。这些人要么是自宫，要么是父母在他们还小的时候就对其进行阉割，然后将其送入后宫当差，以求门路。

宦官因身居皇帝、王爷等掌权者及其妃嫔左右而常常成为宫廷阴谋的策动者，他们结党造势，也会拉拢高官或者对其进行陷害，甚至有时还能掌握生杀大权。宦官掌权后通常没有好结果，很多王朝就是因为宦官跋扈而灭亡。

不过，名垂青史的宦官虽然很少，但也不是没有。东汉中期改进了造纸工艺的政官蔡伦以及明朝初期的郑和就是例子。

郑和出生于滇池一端的昆阳之时（1371），元朝的统治刚刚瓦解，新兴的大明帝国力量还不够强大，比如云南则是由蒙古藩王梁王（把匝剌瓦尔密）掌握着地方政权。明军于 1381 年在征南将军傅友德、副将军蓝玉、沐英三人的率领下攻入云南。开战后一年，梁王被逼自尽。那时郑和十一岁。

在如此战乱之中，少年郑和的父母是怎样的人，他们又是如何养育郑和的，郑和又过着怎样的生活？《明史》作者或是自己也不清楚，或是觉得没有必要写进历史，总之如果只读《明史》，郑和的身世则如云雾般缥缈。

这里有一块墓碑。

这是郑和开启第一次大航海之前为了纪念祖先而在其故乡滇池湖畔昆阳地界上立下的碑。万幸的是碑上刻有墓志铭。郑和立碑之后，这块墓碑并未为人所知。而在金石学极为盛行的清末，具体来说是 1894 年，人们发现了这块碑，并对碑文进行了解读。

公字哈只，姓马氏。

世为云南昆阳州人。

祖拜颜，妣马氏。父哈只，母温氏。

郑和是在中国被称为“回族”的伊斯兰教徒。马姓来源于穆罕默德之音，中国回教徒很多都姓马。从郑和祖先的姓名来看，他们应该是维吾尔族或阿拉伯人，也就是说其容貌、语言均与汉族不同。

关于郑和的出身，新中国明史学者吴晗对其有过研究。此外，陈舜臣也对其有过出众的论考与整理（《人物·中国的历史》第八卷中的《郑和》）。

明军进攻云南，梁王进行抵抗，加之遭遇阉割，少年郑和或许就是在这样的混乱当中成了俘虏。

陈舜臣在文中写道：

相传明初有一种习惯，负责平定各地的将领会对俘获的幼童进行阉割，让他们干杂活。在那个时代奴隶就是财富。

另外，桑原骘藏博士在昭和三年（1928）发表的论文《唐明律之比较》中十分关注明朝沈德符编写的《野获编》之记述。据《野获编》记载，在稍晚于郑和所处时期的明英宗天顺四年（1460），明朝对苗人（苗族）俘虏中的一千五百六十五名幼童进行了阉割，将其用作宦官。少年郑和或许也遭遇了同样的命运。

郑和是后来成为明朝皇帝的燕王（太祖的第四子）手下的宦官。据陈舜臣推测，从云南凯旋的将军向燕王呈献战利品时，遭到阉割的少年郑和就在进贡的奴隶之中。我也认为实际情况应该就是如此。

燕王便是后来的永乐帝，他征战数年篡夺了帝位。在此期间，人员伤亡的程度甚至超过了开国太祖，从这一点来看永乐帝相当于是开创了一个新的王朝。在此过程中，身为宦官的郑和还当了将军，立下了不少功绩。他也因此得到了永乐帝的认可。

永乐帝也亲自带兵远征帝国北部，最后死在了途中。由此可见，永乐帝比起内治，更好武斗。而且，正因为从异族王朝手中接下了江山，其海外扩张意识也非常强烈。在此种意识之下，他才有了下西洋之计划，特别提拔郑和为提督。话虽如此，永乐帝却并不像元朝那样以侵略为目的，而是要让未知的国家知晓明朝之威风，促使其朝贡。朝贡是官方贸易的一种形式，此种形式对朝贡一方来说反而更能获利，故此种行为并非对他国的不正当压迫。

然而与此十分矛盾的是明朝将“海禁”定为国策，对漫长的海岸线进行封锁，禁止一切民间贸易，也不允许私自渡航出国。从太祖所定法律“寸板不许下海”便可以看出明朝“海禁”有多严厉。不过，永乐帝倒是允许官方往来。何止允许，郑和下西洋甚至成了世界史上前所未有的航海壮举。

明朝建造的船舶大小也远超同时代的欧洲。甚至持续刺激着欧洲以及中国对贸易、远洋航海之欲望的先进海洋民族阿拉伯人，其船舶大小和牢固程度也都不及明朝。

《明史》对第一次下西洋所造之船的描述为：

> 修四十四丈（注：船长一百五十米），广十八丈（注：船宽六十二米）

据薮内清（东洋科学史）推定，《明史》所记载的船舶大小相当于现在八千吨位的船舶。

明朝一共派出了六十二艘这样的船，载着两万七千八百多位将士出航。

郑和下西洋前后共有七次。

所到之处包括中南半岛、婆罗洲、苏门答腊，还越过了马六甲海峡到达了印度次大陆、锡兰岛，甚至还穿过了印度洋进入了波斯湾，最远还到过阿拉伯半岛以及非洲东海岸。

我曾经去过澳大利亚北端的星期四岛，去了那里才知道相传郑和的船队也曾到达过那一带。郑和曾派出过许多分遣队，可能其中一支分遣队去到了南半球。总之，在航海这一文明现象当中，郑和下西洋的宏伟程度堪称异常。

明朝之前的宋、元都是海外贸易盛行的时代。拥有航海能力的冒险商人很多都是阿拉伯人或波斯人，两者均为伊斯兰教徒。他们争相前来中国。

明朝开国后尽管采取了“海禁”政策，但也不能捆住已经在中国南方扎下根来的伊斯兰商人、航海家之手脚。恐怕永乐帝也是为了让这些属于大海的伊斯兰教徒能有发泄之处才安排了官方的大航海吧。在郑和手下操船掌舵、对贸易经济以及经济地理建言献策的人应该很多都是伊斯兰教徒。

提拔同为伊斯兰教徒的郑和来统领这些人，可谓是人事之妙。

郑和生于滇池湖畔的伊斯兰家庭，少年时成为奴隶，后来又成了大航海的总指挥。如此波折的人生经历实属罕见。

21 昆明昼寝

在思考各个省份的文化时，我认为，中国与欧洲相似。

自公元前战国时期以来，各地有时会在政治上独立，文化层面常常呈现出浓厚的地域色彩。

然而在另一方面，中国又一直在追求普遍性。自秦始皇实现了大一统以来，中国便一直在孕育着一种具有普遍性的文明，这种文明任何人都可以参与、任何人都可以使用（例如儒教思想）。而且只要汉字、中文还在使用，中国就是超越人种和各省文化的统一体。而这一巨大的分母则处于稳固不动的状态。

美国黑人拥有金属乐器之后创造出了爵士乐，而爵士乐在美国这一多样文化的复合社会中经历了普遍性测试，以其本来的风貌通行全球，流行开来。甚至黑人对牛仔裤的审美也在美国这个文化性复合社会中得以过滤、锤炼，最终成为全球共通的审美。作为历史性存在，中国文明也具有这种普遍化的作用。就此意义而言，中国与美国相似。

“贵国为何处？”

这是新中国建立前的初等汉语，学汉语最开始基本上都会学到这样的对话。现在已经不怎么使用“贵国”一词了，但直到现在初次见面的中国人也还会询问彼此是哪里人。

如果一方回答“浙江”，另一方则会称赞其家乡水景之美。

如果一方回答“江苏”，另一方则会夸奖其家乡百姓文化之丰富。

如果一方回答“湖南”，另一方则会把革命家辈出之事用来做话题。河北省、河南省都属于中原，而陕西省则是秦汉以来的帝都，这些都能值得当地人自豪。

如果一方回答“云南、昆明”，另一方的心情则会不太一样。

我曾经在北京见到过一位中等级别的干部，性格活泼豪爽。我问他家乡在哪儿时，他竟像怯场了一样愣了片刻，然后才回答我说“昆明”。

他回答时声音很大，还接着说昆明四季如春，气候宜人，甚至还有“春城”之别称，市内外名胜众多，比如滇池、西山、翠湖、大观楼……而且工业方面冶金、机械……他一口气介绍了很多，就像一下子把水果、水杯、剃刀以及电子器械等全都装进一个竹篓一样。

云南省的历史怎么算都不长。汉族大规模定居云南是在十四世纪末，与其他省比起来，云南省的汉族文化蓄积得并不厚重。

自明初汉族大规模迁入云南后至现代史开端，这里都没再出现过汉族的大规模迁入。1937 年，日军全面侵华。国民党政府将众多机关部门疏散到了云南省，而这些机关部门的相关人员也大量迁入昆明。对云南来说，这或许是自明初以来的又一次大迁移。

人们有时还会将昆明叫作小北京，以称赞其街市之美。明初来到云南的很多汉人都是南京人，而国民党政府执政的抗战时期来到云南的则多为北京人，两者均来自首都。城市的规划建设多多少少呈现出一些首都的风格或许也是理所当然的。

午饭过后，野村宏治说："要不要稍微 siesta（昼寝）一下呢？"

他用东南亚风格表达昼寝之意是因为他曾在越战期间去过西贡。

有昼寝习惯的区域包括东南亚、中国以及日本（夏季），范围很广。西班牙人到东南亚之后知道了这一风俗，还主动地去适应这种习惯，并称之为 siesta。这一名称随后也成了世界通用的词语。

日本西部地区还有很少一部分农村保留着夏季昼寝的习惯。小时候，奈良县等地午饭之后的一个小时整个村子就像沉到了湖底一样安静，走在路上甚至会让人觉得害怕。

我查阅物集高见、物集高量编著的《广文库》中"昼寝"一项时发现给出的例句出自《日本书纪·垂仁纪》以及《义经记》，由此可见这种风俗在日本也很早就有了。

在日本，这种习惯于江户时期随着都市生活不断发展而逐渐消失。明治以后，农村也基本上不再有这种习惯。

而中国还延续着这种习惯。北京也有，甚至政府部门也同样如此。一些人会在办公室里放置卧铺，午饭之后用来午睡。在中国人看来，不昼寝到处跑的日本人或许还会显得有些愚蠢吧。

"张先生，"饭后我向他打招呼，"昼寝一下吧。"

"好。"

张和平先生不可捉摸地笑着应道。这个人如果在北京的话应该跟同事们一样，肯定会午睡，况且他还是喜好昼寝的福建人。

“siesta， siesta。”野村宏治念叨着走上了通往房间的宽敞阶梯。他非常爱惜在越南定做的报知（ ？ ）服（面料很薄，上下都有很多口袋，类似 safari 风格①），今天也穿着那套衣服。这种透风性好的轻便服装非常适合在阳光明媚的昆明穿，就像说 siesta 比说午睡更适合昆明的午后一样。

昆明的天空可以说与东南亚的天空一模一样。草木的颜色、人们的气息也是如此。在这片天空下，中式洋房、宽阔的道路、古老的木造沿街建筑以及市场的人山人海交错在一起。不经意间走进小巷，感觉就像是走进了正午时分的北京胡同一样，四下一片寂静。

从滇池回来的路上，巴士进入市中心一带时，我看到了一家招牌上写着“近日楼”的百货公司。据说那里是以前城楼的所在地，而现在却变成了交通环岛，没有城墙也没有城楼。

昆明市人口在新中国成立前为三十万，如今则达百万。在新昆明所要求的城市规划之下，道路得以扩宽，各种设施也拔地而起。与中国其他城市一样，古老的城墙会对现代都市所需的框架建设造成阻碍。

我们昼寝时，松丸朝子从外面回来了。她说在百货商场的人误以为她是少数民族。

她说的百货商场或许就是近日楼吧。朝子女士体重很轻，垂肩

---

① safari 风格（ safari style ）的男装一般被翻译成“狩猎装”，不过这个译法有待商榷。严格说来，狩猎装的种类十分丰富，safari 只是狩猎装的一个分支。

长发搭配毛衣筒裤，走起路来总是身姿轻盈。即便百货商场里的客人有一成是少数民族，其民族种类也不会多到彼此认不出是什么民族。莫非他们以为朝子女士是从极其内陆之地来的未知的少数民族？

——是什么族的呢？

据说商场里的人议论纷纷。

朝子女士说着，没有 siesta 的画家须田也从街上回来了。

“我看到了很不一般的少数民族。”听他这么说，我感到有些疑惑。我从少年时起就被住在中国的少数民族所深深吸引。我一直认为少数民族才最能体现出人类学特征。在须田画家的概念之中常常会出现像《三国演义》里孟获那样无比剽悍的人物形象。忽然遇到容貌魁伟之人，他就容易在概念与实景碰撞出的火花中短路。

这时摄影师长谷也回来了。

“张和平先生在昼寝吗？”

“没有，他陪我们一起出去了。”他回答道。

真可怜，如果是在北京处理公文就不用大中午还跑到街上去了。

我如是想。

不过即便是中国，在城市生活的人们是不是也没有什么昼寝的习惯了呢？

“昼寝”一词在《论语》中也出现过。孔子门下有一个叫宰予的弟子，此人平素的行为就不太好，某日昼寝，其他弟子就去跟孔子告状。

“真拿他没办法。”孔子的大意如此，他还说腐烂的木头无法雕刻，粪土砌成的墙不堪涂抹，对于宰予这样的人还有什么好责备的呢[1]？从孔子的话来看,那个时代至少在华北地区并无昼寝之习惯。

昼寝或许是长江（扬子江）流域（楚、吴、越）以及蜀地等水稻种植区的风俗（福建等南方地区当然也有）。秦末，楚王项羽身亡后楚兵及其领地均被纳入大汉帝国。我认为长江流域的异俗（对中原而言）就是从这时开始进入中原，成为中国共有的风俗。

后世也出现了午寝、午睡的诗。南宋爱国官员陆游（1125—1210）是一名杰出的诗人。身为浙江绍兴人的他在越文化的浸染下长大成人。

午睡觉来桐影转。

其诗句能让人顿感盛夏之闲适，此句传达的心境与日本的俳句也有几分相似。当时，北方的异族王朝金一直在压迫南宋，尽忠职守的陆游理应非常忙碌，但唯独午睡是不能少的。他在年近七旬时被罢官，于是回到了故乡绍兴悠闲度日。

我们在此次行程中造访绍兴城时，房屋、河道之风韵与陆游隐居于此的南宋末年并无太大变化。长满青黄色瓦流草的瓦片屋顶，白色墙壁上露出的黑色横桁，有这些便足以想象出陆游家宅。那时陆游在诗中写道：

午枕闭门无客搅。

这是诗的第一句，而打头的便是午枕（昼寝之枕）。他在诗的

① 此处根据日语原文翻译，文言文原文为“朽木不可雕也，粪土之墙不可圬也！于予与何诛？”

结尾写道，如果能够祈求上天，他希望余生都能过上这样的日子。实际上，陆游虽然领着祠禄（恩给[①]），但晚年生活却很困苦。

总之，昼寝之风俗似乎至少在南宋是普遍存在的。而这一风俗在中国全境延续至今，很是有趣。

尽管我躺在床上，却全无睡意。

我只好读起了六月十日的《云南日报》。看到报上刊登着一则介绍“云南也能采到松茸”的报道，我有点惊讶。难得的午枕却因为松茸而心生躁动，这与陆游昼寝之意境差得也太远了。

松茸肯定不在中国人常吃的食物范围内。我回国之后翻阅了好几种汉语词典，虽然辞典里有“松蕈”“松蘑”等词，但这些词真的有人在用吗？古汉语中似乎也没有“松茸”一词。既然中国人对松茸没有兴趣，那么松茸或许是日本人因为有此嗜好而造出来的词语吧。顺带一提，中国常用的词是菌或蘑。蘑则尤指可食用的蘑菇。

当天的《云南日报》上写着“松茸菌”。茸在汉语中是形容草叶茂密或指蒲草穗[②]，并无蘑菇之意。诸桥氏编著的《大汉和辞典》则写道将此字用于指“蘑菇、菌类”的只有日本。由此可推测“松茸菌”是仿造日语词语“松茸”所造的新词。

报道标题为《价格昂贵的食品——松茸菌》，文中写道：

松茸菌的主要产地为我国东北各省。松茸菌是我国出

① 恩给：养老金，抚恤金。

② 根据日语原文翻译。《现代汉语大词典》（上海辞书出版社）对茸的解释则为“草类出生柔软的样子；（毛）浓密柔细”或指“鹿茸”“参茸”。

口国外的珍贵食用菌之一，味道鲜美，远销日本市场。……

松茸菌美味可口，香气扑鼻。

文章在进行基本说明之后出现了“据日本报道资料显示”的字样，其后原文如下：

松茸菌的抗癌效果达百分之九十以上。

日本真的有过这样的报道吗?

总之，文中提到的珍贵、美味、对癌有效似乎都是启蒙性的修辞。文章告诉大家如此珍贵的蘑菇在云南也能采到，以此来吸引读者注意。文章最后还列出了省内产松茸的几个地方，并以“又是一笔宝贵财富”一句话结束了文章。这似乎是在暗中告诉大家即便这种蘑菇在山丘落叶覆盖下悄悄生长也一定不要看漏了。

我在蜀之行的部分写过“蒟蒻”。

关于是否存在这种植物、人们又是否把它当作食物等问题，我经历了不少曲折才得到答案。原来四川人在蒟蒻芋成熟的季节也会食用，只不过把它叫作“黑豆腐”。

我推测蒟蒻芋自然生长的区域主要是在少数民族居住的山区，而少数民族自古以来也一直在食用。这一推测应该不会有太大偏差。

然而，云南省才是蒟蒻芋自然生长以及人工种植的最主要产地。

午睡之后，我从酒店大门出来时看到旧识的巴士司机站在那儿望着街道。

于是我趁机向他询问关于蒟蒻的事。他对我说：“有很多啊。我出生的村子在昆明郊外，村里每家每户都会把收获的芋头做成魔芋。”

这时刘绮女士也来了，她也跟我说：“云南省的农村到处都在种植并食用蒟蒻芋。”

我回到日本后在家附近的超市闲逛，发现超市里居然有卖“云南蒟蒻”。总而言之，作为食物的蒟蒻原产地就在云南省。当地人最先种植也最先食用蒟蒻，后来以各种各样的方式传到了四川省乃至日本。

22 人类群体

日本人并非像蚊虫涌出一般自然而然地出现在日本列岛的山河之中，而是从别处迁徙而来。

虽说故土的范围理应横跨亚洲，但日本稻作成形于公元前三四世纪，若以此为线索溯流寻源，首先要锁定渡航交通极为便利之地区。显然，最符合条件的便是中国长江流域。

在古代中国，中原人与长江流域的稻作民族生活习惯迥异。饮食习惯上稻作民族把稻谷去壳后直接食粒，而中原人则将小麦以及其他杂粮磨成粉后食用。对中原人来说单是这一点就十分奇异了，更何况与稻作配套的社会、礼仪、宗教、语言等各方面皆异于中原。那时的长江流域被称作荆蛮，后来长江中游地区又被称作“楚”，再后来还有“荆楚”之称。

关于春秋时期长江下游两个稻作之国吴与越的兴衰，我在江南之行中有所提及。现今中国考古学界认为，长江流域的稻作起源极早，可追溯至六千年前。

可以推测，水稻种植并非突然出现在广袤的长江冲积平原上，而是先在江流遥远源头的各个山谷支流之间得以发展，而后传播到长江中下游，造就了诸如楚、吴、越等拥有庞大人口的强大势力。

如此看来，现居四川省、贵州省、云南省等地的山谷之中种植水稻的数支少数民族正是古代楚文化的后裔。他们顺流而下到达长江流域的低地平原，建立了稻作之国——楚，而后被中原的汉文明所同化。随着秦、汉帝国建立，他们作为中国的一部分，名副其实地参与了历史的书写。前文已经提到过，居住在云南一带的少数民族统称为“西南夷”。其中掌握了水稻种植技术的“蛮夷”，或许正是日本稻作的起源。粗略来看，应该不会有人反驳这一推论。

中国有五十六个民族，各个少数民族的祖先经历了漫长的历史来到低地，将其血液与文化彻底融于中国文明这一大熔炉之中。反言之，少数民族固有的文化是碎片，而这些碎片在下一个阶段便能升华为具有普遍性的文明。

云南一省便有很多个少数民族，完全可以称作活的民族文化博物馆。只要是自古以来在山谷中建立聚落进行稻作的民族，日本人完全可以从中任意挑选一个作为日本稻作文化之祖，因为两者之民俗惊人地相似。不少民族还保留着与万叶时代①的嬥歌（同“歌垣②”）相同的习俗，还有一些民族保留着与平安朝时期相同的走婚

① 万叶时代：吟诵万叶集的七世纪后叶至八世纪后叶的一百余年，被称为万叶时代。

② 歌垣：歌垣（同嬥歌）是一种古代的习俗，男女聚集在山上或海边歌舞饮食，以预祝或庆祝丰收的活动。是允许自由的性交往的场所，也是古代求婚的一种方式，多在春季和秋季举行。

习俗。走婚习俗在日本的农村、山村、渔村等一直留存至明治时期。不消说，此类习俗在汉民俗社会或朝鲜社会中是不可能出现的。

我们参观了云南省博物馆。

馆里展出了一件暂命名为耳杯的漆器出土物，其做工令人赞叹。耳杯内朱外黑，两侧边缘带耳。油漆的色调、涂漆的精细程度即便以当今的工艺标准来看也属于上乘之作。

“楚地也出土了类似的文物，这证明从两千年前起两地便有了交流。”博物馆的解说员如此解说道。所谓楚地，大抵指的是楚之故地长沙吧。与馆藏耳杯极其相似的漆耳杯就是从左家公山战国墓出土的，记不得是什么时候了，总之我看过照片。也因如此，我十分敬佩讲解员的介绍如此正确。不过若是要深入探讨的话——与其说是交流，倒不如说油漆技术本就起源于稻作少数民族更准确。

我在内心悄悄希望这一观点能在将来某一天得到论证。为此则需要有能够成为证据的文物出土，故现阶段还无法下定论。不过研究人员倒是可以研究研究长江流域漆树的丰富程度是否足以使长江流域成为油漆技术的发源地。

《汉书·贡禹传》中出现了“工官”这一官署名称。所谓工官，指的是只负责漆器制作的官署。汉代设置工官之处只有蜀郡与广汉①（都在现在的四川省）。四川当然属于长江上游的水稻种植区，在秦汉之前则是少数民族的天下。而在这里设置工官或许就是因为水稻种植区的漆树资源更加丰富。虽然再接着往下臆测就很危险了，

① 按照日语原文翻译。实际上如淳对《贡禹传》的注解则为“河内怀、蜀郡成都、广汉皆有工官”。

但如果让我大胆假设的话，我还是认为汉朝在蜀设置“工官”的另一个原因便是蜀地土著民族已经掌握了漆树汁液采集技术以及涂漆技术。

顺带一提，如今人们眼中的漆器之国日本则出土了古老的绳文晚期之涂漆器具。其技术应该是从中国长江下游传到日本的。再结合绳文晚期日本已经出现了水稻种植之说法，便可以推测这一技术是不同地方种植水稻的人在日本聚为一体之后产生的。

博物馆里的古青铜器非常有趣。

这些青铜器几乎都是从石寨山的古墓群出土的，可以断定是滇王的所有物，均为公元元年前后之物。

当时，滇国以贝壳为货币。贝壳来自东南亚沿海地带，也就是说早在公元元年前后滇与东南亚就有往来。不过，据说此地的少数民族直到明代还以贝壳为货币。

这些青铜器当中尤其有趣的就是用来储存贝壳的器物——贮贝器。贮贝器盖子上的浇铸塑像呈现的是充满戏剧性的人物乱斗场景，造型生动形象。

浇铸塑像展现的场景大致是入侵者为了获取奴隶而闯入其他部落。入侵一方戴着长长的兜鍪（又或者是黑色头巾），而看似将领之人则骑着马立在乱斗人群的中央。从这一点来看，入侵一方应该是游牧民族，而遭到入侵的人似乎后脑勺有两条辫子垂到背部。如果将入侵一方为游牧民族以及遭入侵一方绑着两条辫子这两点结合起来看，则双方可能都是藏系民族。

如此一来则可以推测出这是横跨四川、贵州、云南三省，拥有着庞大人口的彝族。在古代，他们是这里的领主，古代滇国也是他们的国家，他们也是西南地区的代表性民族之一。

通常认为藏民族在古代是饲养动物的民族，游牧文明东渐之后他们便成了游牧民族。然而从文化人类学角度来看，其生活方式比较灵活，一部分藏族不知从何时起向其他稻作民族学习，成为居住在山谷里耕种水田的农民，饮食习惯也变为食用稻米。

另外一部分藏族则住在遥远的牧草地上进行游牧。他们的骑兵队经四川南下，到达了云南山区。通常认为这一过程从稍早于汉代的时期起延续至唐代。他们或者是遭到了匈奴的追击，或者是因为汉族在汉武帝之后变得比匈奴更强大而被迫迁徙。总之，弱小的畜牧群体进行民族迁移的原因不外乎这两种。他们南下至云南山区，发现和自己说着同样语言的民族在每个溪谷都建起了水田聚落过着安稳的生活，于是便扬鞭催马对其进行蹂躏。征服这些村落后，他们让种植水田的农民成为农奴，逼迫其劳作并榨取其粮食。这样的状态延续到了距今很近的时期。

人们将身为奴隶主的骑马民族一派称作黑彝族，而将成为奴隶的种植水田的农民称为白彝族。当然，以种植水田为生的白彝族当中也有一部分不知为何没有遭到袭击，他们建起聚落过着和平的生活。前文提过李乔老师就是彝族，他来自红河州石屏县。估计他的家乡应该也没有遭受过黑彝族的奴役，不过我并不确定。

汉族历代都很畏惧黑彝族之勇武。明朝对其奴隶主身份进行保护，直到清朝才首次在军事上将其击败。尽管如此，黑彝族的优势地位并未发生改变，而只是将奴隶主改成了中国式的地主（与日本的地主性质并不相同，甚至有时边疆地主掌控佃农的生杀大权还能得到官方承认）。

贮贝器盖子上所呈现的乱斗正是古代滇族统治阶层（黑彝）捕获奴隶的场景。故事很是凄惨，但从美术层面来看，塑像将人物姿态之跃动以及入侵、被入侵双方动作之组合展现得十分形象。虽然制作这一青铜塑像的应该也是奴隶，但可以说此人有着很高的艺术造诣，对动作发生瞬间的捕捉能力甚至让我觉得有些西方视觉效果的影子。

同一个地方同一时期出土的文物还有青铜镀金的两个正在跳舞的男子。手脚的长度可以说展现出了藏民族的特征。佩剑说明他们属于统治阶层，又或者是宫廷中的舞蹈奴隶正在为祭祀而舞蹈。脚下踏着一条蛇的意义不知是征服了蛇还是因为尊敬蛇而与蛇共舞祈求丰年。在古代日本，对蛇（后来为了让其显得更有威严而改成了龙）的信仰在耕种水田的农民当中十分普遍。与上述乱斗塑像一样，这件文物也将瞬间的姿态捕捉得十分到位，成品惟妙惟肖。从注重平面、静止、装饰风格的日本造型史来看，这件文物充满了异国情调。

“这是杂戏。由此可知杂戏在两千多年前就已经出现了。”讲解员说道。

杂戏并非起源于中原民族，而是从西方（主要是印度、波斯）传来的，这一点基本上得到了公认。即便《周礼》不能作为全盘皆信的依据，但我们也应该注意到其中出现的“散乐”“夷乐”等词语。散乐和夷乐都是杂戏（“杂戏”一词直到宋代才出现，现代汉语也在使用），指的是包含很多杂耍、特技和动作的滑稽舞蹈或幻术等。

到了唐代，“散乐”（内容呈波斯风格）一词得以普遍使用。此词及其所指内容也传入了日本奈良朝,人们将其视作日本“猿乐”(申乐)的起源。总之，文化和文明常常是在其他种类的文化和文明的刺激下才能触发变化，而不是闷在固有事物当中、仅仅依靠内部发展就能酝酿而成的(没有受到外界刺激的日本绳文时代持续了八九千年)。

还有一个青铜人像呈跪姿，手里还捧着什么。尽管姿势是跪坐——日本式正坐，但不能因此就认为这与日本有什么关系。朝鲜人直到现在也还会在身份、年龄、地位等比自己高的人面前跪坐。在中国，只要查看汉代的宴会图就能发现正坐的人。在汉代以前，包括汉代，人们在贵人面前都要正坐，《庄子》中也能找到相关的描述。胡坐（盘腿坐）从字面就能看出来是北方游牧民族以及西方波斯系族群的坐法。唐代以后，中国在西方波斯文化的影响之下开始在日常生活中使用桌椅，除特殊场合外人们不再跪坐。

这一跪坐的铜人同样也是滇池湖畔出土的文物，与上文提到的文物属于同一时期。当时的西南少数民族也是采取这样的姿势候在贵人身边。

上文提到的铜像上只残留了些微镀金。柱子上绑着用来献祭的人，而牛的左角上也挂着一个人，他的双脚被绑在牛角上，整个人被倒挂起来。从古至今，强大势力都是这样对待弱势群体。

受害者并非是做了坏事的人。为了祭祀神明（如乱斗人群的塑像所展示那般）强势群体从某处抓来异族之人，将他们作为祭品。看到这样的场景，我痛感人类所具有的动物性，而且这种动物性到今天也还延续着。

让中国的中原文化兴盛起来的辉煌王朝商也有过类似的行为。殷商王朝也会用人来做祭品进行祭祀，而成为祭品的则是被称作羌的异族。

“羌”字为羊与人的组合，指居住在中国西北边境（现在也有）的游牧民族。从遥远的商代到西汉、东汉、五胡十六国，羌常常闯入中原进行骚扰。在商代，人们可能会把抓到的闯入者当成奴隶使唤，有时还会把他们拿来祭祀。

此铜像为汉代之物，它告诉我们汉代边境（再次重复，我认为边境才是中国文明的根源）还保留着殷商之古俗，这样思考或许才说得通。

23 彝族村庄

我们前去彝族村庄。

年过七旬的李乔老师告诉我们他自己也是彝族。他脸型偏长，身材很高，没有胡子，四肢很长，完全具备彝族的体型特征。这位老先生坐在小型巴士前排座位，亲自带领我们去彝族村庄。

巴士开动之后，他突然说道："昆明在以前是民族的称谓，后来才变成了地名。昆明族，"他近乎朗诵般地说出了这三个字，然后接着说道："是彝族的祖先。"

沉默了片刻，他又继续说："汉武帝时期，大理（云南省）一带叫昆明，从元代开始昆明才指如今的昆明市一带。"

《汉书》记载，汉武帝希望与印度（身毒）进行交通往来，而盘踞在如今云南、四川、贵州的西南少数民族却对此形成了阻碍，因此汉武帝才想讨伐他们。前文已经提过当时汉武帝命人在长安西南挖了一个用来进行水战训练的巨大水池，并起名为昆明池。相传绕池一周的距离为四十里（一里为五百米，故其周长为二十千米）。汉武帝为了对付西南少数民族挖出了如此巨大的水池，仅凭这一点就可以证明彝族的祖先有多了不起。

老先生的云南式汉语发音中有很多破裂音，上颚产生的摩擦音也很厉害，听他说话就像是在听演讲一样。

听到“pan po”实在不明白他说的是什么，一旁的横川健这才把“半坡”两个汉字写出来给我看。

半坡位于中国陕西省西安市（古时候的长安）东郊。新中国成立四年后的 1953 年，人们在那里发现了巨大的古代村落遗迹。发掘工作于次年展开。

古代秦帝国兴起的关中平原就位于陕西省。在秦朝以前，与中原地区相比，这里的文化发展程度很低，在人们眼中甚为粗野。

这里或许还是实力强劲的蛮族之一羌族（如今在四川仍有羌族这一少数民族）曾经生活的地方。进一步而言，秦朝之前的秦国或许本身就是羌族，他们在漫长的历史中不断习得汉文化，而后成为战国七雄之一。

以上观点都只是我个人的推测，而下文的内容则可以写进教科书。在半坡发掘出来的遗迹并非是公元前秦朝时期的遗迹，其年代之古老甚至比秦朝所处年代多出一位数。从出土物品来看，其年代与仰韶文化（1921 年发掘于河南省仰韶村）处于同一历史时期。仰韶文化是在黄河中上游发展起来的古文化，可以认为其所处年代为距今六千年前。

半坡遗址如今建起了西安半坡博物馆。出土的陶器当中很多都施有彩纹。在巴士上，李乔老先生告诉我们：“半坡出土陶器的花纹当中好像还有彝族文字。”

“在那么遥远的古代，彝族就有文字了吗？”

我无法相信。现存最早的汉字是约 1300 年殷商时期的甲骨文，如此算来彝族文字则比甲骨文早出现了几千年。

老先生一时沉默不语。

彝族的文字并非汉字，也没有受到汉字的影响。

其文字为独特的象形文字，主要为巫师（彝语叫作 pimo）所用。用于祭祀的占卜之语、诗歌、传说等都是用这些文字来书写。而如今认识这些文字的人很少，连李乔老先生都说他“只认识十四个”。

无论如何，彝族拥有与汉字不同的文字这一点不得不让人惊叹。大多数人认为彝文在唐代就已经存在了，另外还有一部分人主张彝文造于宋代。即便如此，彝文也有着比亚洲其他民族的文字更古老的历史。

在东亚，有自己独特文字的民族很多，但这些民族的文字要么是在其他文字的影响下诞生的，要么就是借用来的。

日语的平假名、片假名算是比较古老的文字，普及的时间大约是在十世纪。其次，十一世纪至十三世纪左右存在于丝绸之路上的西夏国也有自己的文字。西夏人与彝族同为藏系民族，当时他们被叫作党项人。其语言早已成了死语言，但人们认为其语言与现存的彝语近似。西夏文字共有六千一百三十三字，造字灵感来源于汉字的构造，这些文字在京都大学西田龙雄教授的研究之下得到了解读。

蒙古人则是在十三世纪有了表音文字，其文字借鉴了同为游牧民族的维吾尔人之文字。两者皆以遥远的闪米特族字母表为基本原理。此后，朝鲜民族也有了自己的文字，其文字由十五世纪李朝之王世宗亲自构思创造。朝鲜文字也是以字母表为基本原理的表音文字。

而比这些文字更古老的便是在青藏高原发展起来的藏文。佛教传到这里之后，人们为了将经典翻译为藏语而创造出了藏文，其灵感则来源于印度文字。通常认为藏文创制于七世纪。

东亚各民族文字的情况大致如上所述，唯独彝族十分突出，早在六千年前也就是半坡遗迹的时代就已经有了文字。这已经完全打破了我们想象的界限。不过，暂且抛开这一点，我个人认为只要对半坡遗址进行仔细的梳理调查，如今的羌族、彝族等藏系少数民族的古文化应该就能显现出来。

我始终认为汉民族并非一开始就存在，而是随着历史发展而渐渐形成的。而塑造了汉民族原型的一大要素便是古代羌族。

“彝族仅在云南省就有三百万人，”老先生说道，“是一支很大的民族。彝族下面有几个支系，现在要去的村落就是其支系之一撒梅族的聚居地。撒梅族在省内的人口有一万左右。”

“撒梅”两个字的发音听起来实在是有些缥缈。

“撒梅这个名称是怎么来的呢？”

“原本叫散民，新中国成立之后把散字改成了撒字，民字则用优美的梅字来代替。”

“彝族也叫 lolo 族吧。”听民族学家松原正毅这么一说，老先生的声音稍微提高了一些，“lolo 是蔑称。”老先生的脸上露出了怒色。

然而不幸的是，全世界的文化人类学家都把彝族叫作 lolo，这个词已经成了学术术语，要把这个词从全世界的辞书和论文中消除掉怕是不可能的。

lolo 曾经是彝族对自己的称呼，因此绝非蔑称。但由于汉字是表意文字，这才造成了汉字名称的不妥当，lolo 曾写作“猡猓”，因此在他们眼中也就成了蔑称。如果让使用表音文字的欧美人来看，他们对此种视觉性印象或许就会很麻木。

“现在您带我们去的彝族村庄是在昆明北郊吗？”

“在东郊。”老先生回答道。

“那里是半农半牧吗？”

“是水田农村。大米每年能收获两次。”

这可以说是地理位置非常好的农村了。

这座撒梅族村庄很不寻常。

相关书籍通常会记载彝族“居住在根木造型的矩形平房中”，然而我们到了之后发现其房顶都盖着古色古香的瓦片，房屋非常美观。瓦盖屋顶与日本飞鸟一带的农屋十分相似。

外墙则是土坯，鲜红色的土坯外墙与甘肃、新疆等地所见的中国农屋相似。

村庄中心有一座古寺，虽然如今已经成了放置农用机具的地方，但其内部构造——纵横的梁柱以及白色的石灰墙等——则与四川省的房屋相似。

硬要说的话，寺门有些奇怪，看起来就像朝鲜农村偶有残存的祠堂一样。

不过，仔细观察就会发现建筑内部的柱子根部有夹心面包形状的基石，前文中的“根木造型”或许指的就是这个吧。从门口看去确实是“矩形平房”，但这只是寺门而非民房。村里所有民房都不是矩形平房，形态较为多变，甚至还有很古老的小二楼式房屋。每家每户的瓦片都呈现出或浓或淡的紫蓝色斑点，但这并非上釉之后烧制而成，而是因泥土性质呈现出的微妙风格。

村庄位于地势稍高之处，家家户户十分密集，错落房屋之间的空隙则自然地形成了村道。或许是为了起到防卫的作用，这里的村道蜿蜒曲折。彝族相关的古文献记载其村庄均设有堡垒，但单从这个村子来看的话，给人的感觉更像是整个村子就是一座堡垒。

如果有一支人数在十五六人且装备了单发来复枪的小队侵入这个村子，他们应该会在各个角落遭到狙击，恐怕再出来时也就只剩两三个人了吧。

这个村子村头有一座很高的桥，因而得名高桥村。全村共有五十四户人家、二百九十人。

村里虽然没有大户人家，但也没有特别破旧的民房，所有房屋都修建得很牢靠。

沿着村道走到先前提过的寺庙，我看见正殿地面（三合土）上放着桌子和藤椅，便过去坐着休息。这时穿着彝族服装的两个姑娘把西瓜子装到竹篓里送到我们手上。

村子的生产队长也来了。生产队长四十多岁，身形偏瘦，看起来就像笃农家[①]。他告诉了我们很多关于这个村子的事。

---

① 笃农家：日语中指热心并富有钻研精神的农业家。

据说新中国成立之前村里共有三十户人家，那时这座村子还是一座佃农村，村民都是住在昆明的一些地主的佃农。佃农村也能造出如此牢靠的房屋或许是因为地主收的佃租不高吧。

1903 年到云南省少数民族地区进行实地考察的鸟居龙藏去到彝族弥勒附近的村庄后，对其房屋的构造进行了如下记述：

> 房屋构造十分有趣，与我刚进云南省时看到的房屋相同，像切好的豆腐块一样呈现出四四方方箱子的形状。四壁则由晒干的长方形黏土块砌成，上方横置着圆木。房顶也呈方形，上面置有泥土以使其保持坚固。

然而，我们到访的这个村子却不是那样。

中国人直到 1941 年才首次对彝族进行了民族学性质的调查。

日本侵华时期，有很多大学从北京等地疏散到了昆明。北京大学、清华大学等临时合并为“西南联合大学”，其中著名的学者就有北京大学化学系原教授曾昭抡博士。曾昭抡教授是镇压了太平天国军的曾国藩之玄孙[1]，曾留学于美国麻省理工学院。他与其他调查团团员一起踏入了在当时汉人眼中还是半蛮荒地区的四川省边境大凉山山脉，对当地的矿物、植物、地质、居民等进行了调查。

曾博士后来将其报告写成了《大凉山夷区考察记》（1945 年于昆明出版）一书，该书也被翻译成了日文，书名为《中国大凉山彝族区横断记》（八卷佳子译、筑地书馆刊）。书的内容甚佳，但却

① 此为作者误。应为曾国藩胞弟曾国潢的曾孙子。

没有过多关注当地的房屋。

不过，书中出现了一张四川省昭觉县彝族民房的照片，果然就是矩形平房，房顶由木板葺成。日本室町时代京都的町屋也是如此，木板葺成的屋顶用几根横木压住，然后再放置很多诸如腌渍泡菜时用的石头。

从这一点来说，这座高桥村的彝族民房似乎很大程度上受到了四川省以及其他汉族民房的影响。

24 石拱桥

我们还在昆明东郊的彝族村庄里。

古寺里用作仓库的正殿明亮且通风，实在是让人心情舒畅。这或许也是因为面前的双开门大大敞开着吧。坐在这古寺的藤椅上享受风的吹拂，全身上下都能体会到屡屡听闻的“四季如春”一词所表达的气候之妙。

接待我们的两位小姑娘容貌与日本人无异，可爱又优雅。

彝族尊崇黑色。两个小姑娘穿着白色绢质上衣，还套着一件背心。布是黑色的，质地接近棉绒，胸部和肩部绣着的装饰性线条轻盈优美。下装是裤子。头上戴着黑色的帽子，帽檐上还有装饰物。在我看来，其着装之美观在民族服装中当属第一等。

看着这两个小姑娘，我不禁觉得年轻姑娘的服装乃民族之花。不过，无论哪个少数民族，年轻姑娘服装的形态和装饰都各不相同，多样性作为一种传统不可撼动。我甚至认为对自身文化的固执本来就是少数民族没有融为多数民族而保持独立性的唯一理由。

“可以在村子里溜达溜达吗？”我向生产队长征求许可，他说请随意，想进哪一家都可以。于是我们踏着红土村道，开始了游览。

每家每户的外墙都是用很厚的砖块砌起来的，内侧都涂着白石灰，房子看起来能住好几百年。

因为土壤颜色很鲜艳，三合土地面也呈现出深褐色，这让屋内显得比较明亮。我走进一间屋子，屋里的人拿出一个箱子形状的小凳子让我坐。屋子里总共有七八个这样的凳子，也就是说这间屋子能够容纳七八个人坐着谈笑。

日本战败后不久，神田一家叫日光书院的出版社出版了松崎寿和编著的《苗族与猡猓族》，定价一百日元。松崎寿和没有去当地进行实地考察，而是将东西方学者的调查结果汇编成书，因此内容比较可靠。松崎在日期标注为昭和二十一年四月的序文中写道：

> 本书编纂的目的是让大家正确、科学地认识居住在重峦叠嶂、未经开发地区的各个民族，尤其是苗族与猡猓族。

当时的日本处于战败——一个时代的崩塌与战后——一个全新历史阶段的夹缝之中，上面这段文字读来也有此种韵味。书的副标题为“中国西南民族志”。

我翻阅书中关于彝族（书中称猡猓族）房屋的记述后发现自己所在的屋子便是书中提到的“厨房兼客厅”。

> 猡猓族的房屋无论贫富形式都是固定的。通常他们会

> 建造并排的三个房间，中间的屋子便是厨房兼客厅。墙边会有一个火炕，三块石头摆在一起，上面可以放锅，称之为锅庄。

原来如此，我们强行做客进入的这户人家也有三间屋子。不过并非“三块石头摆在一起”，而是用土砌起来的很坚实的灶台，上面放着锅。

在古寺遇到的生产队长告诉我们在新中国成立前这里的房子都是木造的，说不定那时的厨房就和松崎书中记录的一样，而如今则是中式民房里最常见的那种灶台。

民族学家松原正毅对米饭的做法尤其感兴趣，不断地向这户人家的主妇提问。

“问清楚了吗？”事后我问他，他回答说问了个大概。

他还说：“不可思议的是，米饭的做法因民族不同而多种多样，然而却没有一个民族对此进行记录。”

我听他这么一说，又重新问他是不是没有问明白。

他回答说：“是的，没有问明白。”

最理所当然的事才是最难以理解的事，这是常有的情况。要说日本人做饭的方法，我们也不知道紫式部在当时那个时代是怎样做饭的。

古时候，米饭是蒸出来的。蒸米饭的工具是瓦甑，用瓦甑蒸出来的米饭叫作“强饭[①]”。平安朝末期出现了和现在一样的做法，即

---

① 强饭：即硬饭。

用锅釜烧饭。据说人们将锅釜烧出来的饭称作“姬饭[①]”。另外，粥也分稠粥和稀粥。但若要细问哪个时代的饭是什么样的，太久远的时代则无从知晓。我个人认为如今米饭的做法确立于室町时代，然而要问我是否全国统一如此我也不敢肯定。首先，即便到了镰仓时代将大米作为主食经常食用的也仅限于极其富裕的阶层，农民则基本以杂粮为主食。

我们绕着村子走了走。此前听说彝族村庄里不会挖水渠，我确实没有看到水渠。硬要说的话，自然流淌的河道或许就发挥着水渠的作用。

这条河很美。尽管只是一条十米来宽的小河，但两岸能看到一些小树林，这样的景色甚至会让人觉得仿佛置身于爱护树木的欧洲农村。这些树的树龄大约有三十年，应该是新中国成立后种下的吧。

来到河边树林，我更加确定这座彝族村庄所建之处为高地，它和彝族聚落的固定形式一模一样。村道的尽头便是石桥。站在石桥上，我发现树林的高度还不及脚跟。一条淌着河水的小河从树林中穿过。原来如此，桥架在高处，所以这个村子才得名高桥村。过桥之后，我发现对面的原野地势低矮。由此也能看出村落所处位置在形状不规则的高地。

要从桥畔下到小河岸边，得一步一步踩着河坡上的凹坑才能下去。下去之后，我站在河边仰望石拱桥。石拱桥高高耸立着，两端还有郁郁葱葱的树林做装饰。

① 姬饭：用文火煮熟的饭，在日本介于粥和赤豆糯米饭之间，与现在的普通米饭相同。

拱，即弧形架构。这座将石头以楔形组合起来砌成的拱桥恰好是将整圆一分为二的半圆弧度，非常优美。

约瑟夫·李约瑟博士所著《中国的科学与文明》（思索社刊）第十卷《土木工程》（佐藤武敏、吉冈义信译）中写道："中国的桥没有一座欠缺美感，大多数桥都极其美观。"在云南这个边远省份，而且还是在少数民族村庄的小河上架的石拱桥都能与长崎的眼镜桥相媲美，甚至更胜一筹。呈现出完美半圆的桥身虽小，却给人一种奇妙的豪放之感。

这条河虽小，却有河心洲。从河岸到河心洲架着一座独木桥，河心洲上有位中年妇女正在认真地洗衣服。站在这里仰望石拱桥感觉更美了。这时，我注意到对岸用天然石头砌成的整齐石垣，而对岸的低地则处在石垣的保护之下。从石垣老旧的状况来看，石垣可能是清朝时期修建的。

回到桥上，我抚摸着桥体，感觉像是五六百年前修建的，结果却大错特错。当地人告诉我说："这是九十年前建的桥。"也就是清末光绪年间（1875—1908）。再具体一点就是甲午战争期间或者前后一段时间，那一时期对清朝来说可谓多事之秋。架桥通常是官衙的工作，而在如此边境之地的偏僻村庄竟建起了如此精致的石拱桥，这甚至让我觉得应该重新审视清朝的统治能力。

我在江南纪行中提过中国的石拱桥，拱的思想在中华文明中出现得很早。

据说拱来源于伊特鲁里亚。伊特鲁里亚人曾在亚平宁半岛上面向第勒尼安海的一小片区域里创造出了高密度的文化。而罗马文明则吸收了拱之思想，将其大量运用于建造城门和桥梁。

由于没有任何能够证明公元前东西文明相互影响的文献，我们只能通过观察文物进行想象。在中国，公元前秦汉时期的古墓就已经有很多拱形设计。

宋代，人们在石造桥梁中大量运用拱的思想，各地纷纷修建拱桥。而到了清朝，掌握了这项技术的工人已经多到动不动就会失业的程度，所以应该也会有人为了找活干而来到云南。即便是此种情况，这座桥也算建造得非常好了。这座年过九旬的石拱桥有树林和小河做衬托，桥畔和桥下也满是绿色。然而遗憾的是尽管如此，这座桥还是很吃亏，因为中国有名的桥梁太多了。

中国人的审美意识在世界范围内来看都很奇特。越是到近代其装饰越是烦琐，我对此并无好感，但十分喜爱中国的李约瑟博士则将其内心的喜爱之情用语言很好地表达了出来。

> 中国文明的特质大部分表现为合理性与浪漫性的精密结合，其成果则在建筑工程中得以体现。

眼前这座石拱桥架在乡下的小河上，因此李约瑟所说的“浪漫性”则被省略，其建造只保留了“合理性”。可以说正因如此，这座桥才出乎意料地展现出了力学本身的美。

如果这座桥建在十九世纪的荷兰，那么凡·高一定会把它画出来。如果凡·高看到的是维罗纳的斯卡利杰罗桥或者是架在北京西南郊永定河上的卢沟桥（马可·波罗桥）这种有着豪华装饰、看起来就像是巨大工艺品的桥，我想他应该不会产生要画下来的念头。

不过，如果这座桥只是孤零零地立在这里而没有绿植衬托，凡·高或许也不会有兴趣画。因为只有在这些不知称作树林还是森林的植物生命群包围下，这座只是用石头堆积而成的、过于简素质朴的拱桥才能成为乡村建筑中最高质量的象征。

我们再次回到村里，边走边看每家每户的瓦屋顶和厚土墙。

我愈发肯定这些房屋很大程度上受到了汉族房屋的影响，而非传统的彝族房屋。

云南省博物馆陈列着一件能够让人想象彝族两千年前房屋模样的青铜器。这件青铜器在晋宁县石寨山出土，展出时题为“铜房子”。

倒梯形的大型茅草或木板屋顶严重倾斜，两栋房屋上都像日本的神社一样立着高高的、呈“V”形的千木[①]。房屋为高桩承台式地板，四周围着一圈栏杆。如今似乎已经没有这样的房屋了，不过铜房子展示的房屋构造也并非是普通的民房，而是用来祭祀的建筑。

入口只有一个，从入口处能看到一颗男性人头[②]。这颗人头似乎是祭祀的主角，人们聚在栏杆周围，台阶下还有两个人站在鼎的前后，像是在烧开水。那颗人头的表情看起来十分严肃。

森浩一看到这颗人头后说：“这里的人（自然是古代人）还真爱砍头啊。”

他说话的声音让人分不出是在怜惜还是在惊叹。

我在村子里走着，想起了这些事。

彝族分为黑彝和白彝，黑彝是游牧民族的后代，他们既奴役以

① 千木：神社正殿屋顶两端的封檐板向屋顶上空突出交叉的装饰性长木。

② 此为作者误。云南省博物馆官方网站记载为“主室正中开窗，中露女人头部”。

农耕为生的同族，又从不懈怠训练武艺。他们十分剽悍，前来讨伐的中原历代王朝很少获胜。

到了十九世纪，黑彝仍然会掠夺人口用作奴隶，而掠夺的对象便是汉族。成为奴隶的汉人遭受着如同牛马般的待遇，一旦试图逃跑就会惨遭杀害。

古代，滇族——昆明族——生活在滇池湖畔的时期还是未开化的时期，因此这样的风俗很是浓重。掠夺来的异族人只要是成年男性就会砍下其头颅用来祭祀。

我向李乔老先生询问黑彝与白彝之事，老先生回答我说："云南的彝族从来没有分过黑彝和白彝。"

总之，昆明东郊的高桥村气氛宁静。就我的观察来看，在这里遇到的人、村里错落的房屋以及房屋里的摆设都没有什么特别之处。他们只是说着彝族的语言而已。

25 张飞图

停留在昆明的某日夜里，我们与当地人一起吃饭。围坐在餐桌前时，突然窗户的白色窗帘开始翻动起来。

中方人员嘀咕道这是“阵雨”。也就是突然下起来又下不久的雨。旁边的人唱和般接着说这是“小阵雨”。

拂帘而入的风并不潮湿，吹起来很惬意。

四川省的雨是夜里下早上停。前文提到过“巴山夜雨”一词可以描述这一现象。云南省的雨也是如此。

与此地最为相似的地方或许就是夏威夷了吧。阵雨、四季如春、收成颇丰、鲜花常开……再没有比云南更好的地方了。这便是中方人员在餐桌上的话题。不过这多少会让人感觉到一种被调到夏威夷州工作的美利坚合众国国家公务员般的寂寞与自夸。

“西双版纳怎么样啊？”听我这么一问，所有人都说：“那是个好地方。”

在我的想象当中，西双版纳一直都是云南省最接近天堂的地方。尽管如此，我们的此次行程当中却没有西双版纳。尽管已经来到了昆明，但我不得不继续将西双版纳放在想象的世界里。

次日清晨，我们在食堂吃早饭，此时已阳光普照。为我们服务的是一位窈窕的姑娘。我看着她，突然想到她可能是傣族便向她询问，她说她就是。

“是西双版纳的吗？”这只是我的胡乱猜测，没想到她却得意扬扬地笑着应道：“是西双版纳的。”

东南亚最大的河流湄公河流贯老挝、柬埔寨、越南三国是众所周知之事。其上游发源于遥远的青藏高原东端，这一点则通常需要看地图才知道。中途流经云南省山区，形成了很深的山谷。湄公河上游在中国境内的河段则被称为澜沧江。澜沧江在云南省西南角有一小段流到了缅甸境内，流出中国领土之后便形成了缅甸与老挝的国境线，也冲刷着老挝与泰国的国境，而后流经柬埔寨，再进入越南滋润其国土，到入海口冲积出富饶的湄公河三角洲后便汇入中国南海。

西双版纳位于云南省最南端的河谷（湄公河上游），泰族自古以来就以河谷为中心开展水稻农业。

日本人是稻作社会的居民，而西双版纳可以说是稻作以及稻作文化的故乡之一，若以此种目光来看待食堂里那个姑娘，似乎就有了亲近感。

说到“泰人”，大家都会想到如今的泰国。然而从泰族漫长的历史来看，其中一部分人去到泰国建立起国家是九世纪至十四世纪之间发生的事，距离今天并不遥远。

泰族本来就不是在如今以曼谷为首都的这个国度中突然出现的。据说使用泰语的人口超过了两千万，这两千万人分散在中国以及其他地方，泰国人只是其中的一部分①。总之，泰族是发展起了亚洲稻作文化的伟大民族。

关于其祖先来源，观点因人而异。有人认为是四川、云南的山谷，也有人认为是古代长江以南的地区。而我则一直认为泰人于公元前遥远的古代在四川省、云南省又或者是广西、贵州省种植水稻，而后去到长江中游，建起了中国史称春秋战国时期的“楚”。

春秋战国时期，中原对楚与楚人有着十分野蛮的印象，认为他们属于不同的文化圈。关于这一点可以举出多个文献证据。中原与楚的语言也不相同，而楚的语言应该就属于古代泰语系语言。

楚到了战国末年拥有与中原各国对等的实力，也吸收消化了大量流入的中原文化。后来秦建立起帝国，不久后又天下大乱。而楚之代表性人物项羽的出现实在是令人印象深刻。他率领楚兵四处征战，后来为敌军所败，可以说楚正是因此而融入了中国。

古楚国遥远的故乡之一或许就是云南省西双版纳的山谷。而没有向长江扩张、停留在山谷里的顽固之人就成了居住在中国西南的泰语系少数民族。

后来去滇池湖畔的大观公园时，我们看到当地青年正在水边村寨的湖岔里划龙舟。所有人都站在船里，手持船桨齐声划水。船飞

① 泰国 1981 年人口为 4000 多万，此处或为作者之误。

快地从水面上划过，转眼间就消失在了柳树林背后。

众所周知，中国的这项竞技于江户时期传到了日本长崎，直到现在长崎也有赛龙舟的活动。当地称之为飞龙。赛龙舟在农历端午节举行，一艘船上三十多个人跟随着铜锣或大鼓的节奏划动船桨。长崎龙船虽然船身细长，但却并非中式龙船，而是和式。不过，毫无争议的是此项活动来源于华南地区。继续追源溯流便会发现这本是内陆泰族的活动，后来才成为华南地区临水而居的汉族人的风俗。

对居住在云南省、四川省山谷里的泰族、苗族来说，渡过湍急的河流到达对岸是生活中非常重要的事。村里的年轻人都会齐心协力划船过河，不知何时这成了年轻人之间的竞技。

日本室町时代有一首用力快速划船时唱的歌谣。

重返十七八
枯木也开花

划船时唱的歌节奏很快，而每当我想起这首歌，我都会深深感受到日本最根本的文化是南方性质的文化。

这首歌展现的是对年轻毫不遮掩的炫耀。而对年轻的炫耀当然就意味着对年老的侮蔑。在儒家社会的中国和朝鲜，人们反而认为越是年老越有价值。

看到湖岔里如光般一闪而过的龙舟，听到年轻人充满气势的齐声呐喊，我不由自主地哼起了“重返十七八”这首室町时代的歌谣。这或许是因为流淌在我身体中的南方稻作民族之血液与此产生了共鸣。

我们到滇池湖畔的大观公园时，昆明罕见地在白天下起了雨。

滇池与琵琶湖有些相似，都有一片像尾巴一样细窄的区域。琵琶湖的这片区域从平安时代起就已经有了一座寺庙，在寺庙里能观赏到濑田唐桥、石山寺等风景。滇池自清朝起也在这片狭窄水域的岸边建起了大观楼，且保留至今。

如今，大观楼周围变成了公园。公园中心是植物园，里面有一片很大的莲池，周围还有石桥等设施。这片水域周围最早出现人工设施是在明末，那是一座寺院。后来寺院荒废，到清朝则有了大观楼。

“大观楼始建于清初。”带我们参观的人说道。

我们在大观楼领的手册上写道，清初人称圣祖的康熙帝在位期间，中国出现了治安良好、财政富裕之盛况，同时也游刃有余地解决了沙俄、准噶尔等外患，极大地扩张了领土。大观楼建于康熙二十九年（1690）。在此之前，云南与其说是偏远之地，不如说是一片空白之地。在如此空白之地建起大观楼这种供人享受清闲的建筑，单凭这一点就足以让人对中国历史上的清朝大加称赞。除此之外，西洋文化还没有进入中国，各个城市就已经存在这种类似公园的地方了，这也是中国文明有趣的地方。我们在成都也见过类似公园的地方。个人推测，此种形态大致出现在宋代，其后则向各个城市发展开来。

宋代——尤其是南宋——受到了来自外国的强烈刺激，贸易、工商业蓬勃发展。即便是平民，只要头脑灵敏也能拥有财富。以此经济社会为根基，具有中国个性的“公众”得以形成。中式概念的公园之形成与此背景不无关联。

话虽如此，如果要问这些公园是否与如今西方概念中的公园一样谁都可以进去，这就需要打一个问号。普通民众大多聚集在茶馆这种市井陋室里，唯独掌权者以及富裕阶层才会去大观楼这样的地方，通常情况应该是这样。当然，肯定也会存在士大夫、有钱人把普通民众带进去的情况。

大观楼临水而建，共有三层楼，外观十分稳重。

“清朝的时候任何人都可以进来吗？”我询问讲解员，得到的答案是至少在清初并非任何人都可以进来。

“只有文人墨客来这里饮茶、举办诗会。”

大观楼的正门朝向湖面。建筑四周围有高于湖面两米的石垣，以此来防止湖水侵蚀。建筑整体的形态与京都的金阁寺相仿，但金阁寺在美感上则远胜于大观楼。

建筑第一层挂着一整面都是红色的匾额，上面写着三个金黄的字“大观楼”，整体看起来富丽堂皇。瓦片呈现出绿釉与黄釉混合的颜色。大观楼或许是由清朝某一时期的云南地方长官在当地集资建造的。尽管使用大观楼的阶层受到限制，但毕竟不是私人所有，因此能从这一建筑当中感受到公共意识在当时已经成形。

建筑内外都有很多对联。中国几乎所有的民房都会在门的左右贴上含义喜庆的对联。

对联句子一般都比较短，然而这座大观楼里却有一副长达一百八十字的对联。介绍手册上也写着“古今第一长联”“海内长联第一佳”，俨然已成了大观楼的看点之一，这确实有中国特色。

内部老旧的木造楼梯跟日本古老城楼内部的楼梯一样陡。

第二层楼放着木头做的长椅和桌子，桌子上还摆着笔砚。人们可以在这里写诗交换，饮茶闲谈。四方都是窗户，能够远眺窗外的景观，很是惬意。原来大观楼建成时就已经有了景观，也是公众之物这一社会共通的意识。

人称海内长联第一佳的长对联就挂在这里。一百八十字的诗句并排写在两块木板上。

清朝乾隆时期，昆明名士在这楼里举行诗会，市井寒士孙某出现在他们面前，毫不客气地批判他们写的诗。如今，人们只知道他姓孙，其名并未流传下来，可能是因为他自己说自己的名字不值一提吧。不过，孙髯翁之称却流传了下来。或许是因为他的胡子很显眼，也不知是他自称孙髯翁还是在场之人姑且那么称呼他。

——既然你这么说，那你来写一首瞧瞧。

举行诗会的主人对他这么说，于是这个满脸胡子的男子拿起笔写下了一百八十字的长联。

五百里滇池奔来眼底，披襟岸帻，喜茫茫空阔无边……

这便是长联的开头。其他人的诗都是对天子治世的阿谀奉承，诗中必定包含政治性要素。与此相对，孙髯翁的长联却赞美风景与人之交融，同时还言简意赅地咏叹了滇池所隐含的数千年历史。

汉习楼船，唐标铁柱，宋挥玉斧，元跨革囊……

在座的所有人读完此诗感触颇深，于是决定将其长久地挂在这座楼里。

清朝康熙、乾隆统治下的盛世，与此前漫长的中国历史上各个朝代相比，都可以说是非常出色的时期。在如此偏远的云南市井也出现了无名的优秀诗人，可谓是天下太平以及汉文明普及范围之广、影响程度之深的象征。

不过，这“海内长联第一佳”也可以说是发端于公元前的中国文明最后的光芒。此后，中国经受了在工业革命下发展起来的西方文明之入侵，不仅屈服于外来势力，甚至还被迫对自己国家的古老文明本身产生了怀疑。

我坐着的长椅扶手上镶嵌着一块圆形陶瓷板，上面用优美的青花釉画着历史图画。

“这上面画的是什么呢？”我嘀咕道。学者张和平先生瞧了瞧，告诉我这是《三国演义》中的一个场景，张飞把恶官从官府拖到街上，在百姓面前对其鞭打。

陶瓷板上的这幅画估计是清末年间所作，画的题材很好。来到大观楼游玩的人大多都是官员，而椅子扶手的陶瓷板上却画着《三国演义》中受人喜爱的张飞惩戒官员的场景。这仿佛是清朝时期掌管这座大观楼的人在向后世的我们通过暗号展现他人生中的一些片段。

26 昆明街边

虽说云南省是少数民族很多的省份，但其省会昆明的街巷反而有着强烈的传统中式气息。

北京城区的建筑物和道路都修建得牢靠且肃穆，街巷井然有序。

苏州则是以富饶又知性的江南土壤为肥料发展起来的城市，与日本的京都相仿，给人一种优美之感。

昆明自清代起开始了城市化进程。国民党执政期间的抗日战争时期，以士兵为首，中国各地形形色色的人来到昆明。正因如此，如今来到昆明便会发现商店橱窗上的喷漆以及住宅区并排的房屋等街景还萦绕着新中国成立之前的气息。甚至连闹市区的自由市场也充满了十九世纪的西方人所感受到的中国特有的活力与杂乱。

当然，在自由市场上进行买卖的双方都有少数民族，就连汉族的中年妇女也穿着少数民族的劳作服。如果说拥挤的人群也会因民族不同而释放出不同的气息——或者再进一步将这些气息视作拥挤人群的文化——那么拥挤在这里的人群释放出的则是汉族的气息，呈现出的也是汉族的文化。我甚至觉得这里还残留着清朝的气息，尽管这种气息十分微弱。边境地区容易出现还残留着前代文化的情况，将这一观点放到昆明来看或许也能说得通。

桥下运河褐色的河水淤滞不前，桥上则摆着很多摊位。一个扎着辫子的小姑娘在卖苦瓜。

“啊，那是苦瓜吧。”森浩一被满是疙瘩、乍一看让人感觉不舒服的瓜吸引住了。单凭对苦瓜有兴趣这一点就能看出他的籍贯。森教授本人出生在大阪，但他的父亲则是大分县人。

一次，一位宇和岛的熟人来到大阪。

——大阪没有苦瓜吗？

他有些不满地说道，我这才知道原来四国岛南予地区的宇和岛也种苦瓜，而且当地人也很爱吃苦瓜。不过，苦瓜在九州、冲绳更为常见。据说在九州、冲绳等地，夏天的家常菜可少不了这种味道发苦的瓜。

长崎一带把苦瓜叫作 nigowuri[①]。据说人们通常称之为“蔓荔枝[②]”，这种叫法就有点让人不太适应。我曾经在冲绳吃过这种相传原产于热带亚洲的瓜类，对第一次吃的人来说那种苦味很是难缠。

《广文库》中“苦瓜”一项对《和汉三才图会》进行了引用，而引用的内容似乎又来自于明朝李时珍的《本草纲目》。

---

① nigowuri：日语中苦瓜的发音为 nigawuri，nigowuri 或为长崎方言的发音。

② 蔓荔枝：日语原文为「つるれいし」，“蔓荔枝”为假借字。

> 苦瓜原出南番。今闽广（注：福建省、广东省）皆种之。……南人以青皮煮肉及盐酱充蔬，苦涩有青气。

“苦涩有青气”的味道用来消解盛夏的暑气，这对吃惯了苦瓜的人来说似乎是无法抵挡的诱惑。

“我父亲一到夏天就会不停地念叨苦瓜苦瓜。”森教授说着，将目光从苦瓜堆成的小山上移开。

这里有各种各样的摊位。

中国每户人家都会在三合土地面上摆放几把跟小学里用的一样小的椅子，方便一家团聚或有客人来时使用。眼前便有一个卖椅子的摊位，摆着的十二三把椅子都是摊主手工制作的。

这里有把蘑菇放在筐里卖的老妇、面前摆着像干酪一样硬的豆腐的青年、把大蒜摆在草席上卖的小姑娘，还有在塑料大袋子里装满了小鱼、看起来像是滇池渔夫的男子。另外还有人什么也不卖，只是围在下象棋的两个人身边观战。

还有四五个老人聚在一起什么也不做，只是眺望着街上来往的行人。

“我们现在拿退休工资过日子。”其中一个人说。

他们背后是一家铁器店，敲打金属板的声音十分嘈杂。店里制作烧水壶、金属茶杯以及其他工序稍加复杂的器具。

继续往前走，我看到了一个头发朝后梳、五十来岁相貌堂堂的人，他抱着像反坦克火箭炮一样的圆筒在吸烟。那是水烟袋，但如果要抽烟就必须抱着这么大一个烟筒上街的话，那么日本爱抽烟的人肯定有一半会选择戒烟。如果载满乘客的国电[①]上有三十个人把这东西带上车，那么国电完全可以向他们另收货运费。

抽烟的人真多。

多数人比起纸卷烟更喜欢直接抽烟叶，他们把烟叶卷起来就开始抽。我问那是不是叶卷烟，横川健告诉我那是“草烟”。他说“草”指的不是叶卷，而是“乡下风格的”。草烟说的就是“乡下抽的烟”吧。

用烟杆抽烟的人也很多。用带节的细竹做成的长长烟杆上，有的装上了烟袋锅，有的则直接塞上“草烟”就开抽。

还有人什么东西也没拿，就那么蹲在街边望着天空。

街上也有美发店。涂着白石灰的外墙上写着手法生疏的红字“电烫发”，另外还用小字写着冷烫。

走着走着，我看到了一家茶馆。茶室、茶坊、茶社，这些名词的意思都一样，指的都是中国普通百姓喝茶的地方。这家茶馆的招牌上则写着“景星茶室”。茶馆面向街道，有三间门面，三合土地面上摆放着长桌长椅，除此之外再无其他摆设。墙上贴着纸，上面写着茶水的价格。这里的茶水都很便宜，最贵的是滇茶，七分钱，其他茶都只要五分、三分。只要买一杯茶，想待多久都可以。

茶馆里基本上都是五六十岁上了年纪的人，但不知为何有一个背着小婴儿的年轻丈夫有些孤独地、面无表情地喝着茶。想必是妻子的活儿还没有干完吧。

我向一位年龄五十五六岁的人搭话。他身材矮小，看起来像是

---

① 国电：日本国有铁路电车。昭和六十二年（1987）四月该名称随经营的分割和民营化而废止。

工人。他的眼睛很圆，脸的轮廓像栗子的形状，因此我猜他应该是四川人。

他说："我出生在四川。"

"什么时候来云南的呢？"

"抗日战争的时候。之后就一直在这里。"

他说到这儿时，旁边一位面容温和的老爷子过来插话。他的话很短："日本人中国人都一样。虽然以前发生过很多事……"

说完他便带着笑容去取茶了。这位老人或许是因为时隔几十年又看到了日本人，想对日本人说一些饱含智慧的警句吧。

我自然是回国之后才写的这篇稿子。

回想起这位长得像达摩、脸颊上留着长长白胡子的老人，我很犹豫应不应该对他的话加一些注解。我犹豫的原因是关于这一点我已经在自己的论著《从长安到北京》中提过了。

说来也巧，我写这篇稿子的时候，朋友给我送来了菅原幸助的著作《日本的华侨》（朝日新闻社刊）。书里最后一项"采访杂感"中引用了一段老华侨的话。

> 日本人一旦选择原谅，很快就会遗忘。他们似乎认为原谅了就必须遗忘。中国人不一样。原谅之后会保持纯粹的交往关系，但发生过的事实绝不会遗忘。

日本侵略了中国，这是事实。往后的日本人应该要有精神层面或伦理层面的力量去接受这一事实。如果以后的日本人偷换用词不承认这样的事实，对任何事情的事实都只能以此种态度去看待，一旦这样的人多起来，日本社会总有一天会衰弱的。

长得像达摩的那位老人说完就离开了，出生在四川、抗战期间来到云南的那个老人噙着长烟杆，眼睛里闪着光，微微点了点头，也不知道是在对什么点头。

看来他也是个老兵啊。

我以自己的经验猜测，他应该是个老兵，退役后当了工人。

“我只上了三年小学。”老兵说道，“不过我还是能把文天祥的《正气歌》全背下来。”

我有些惊讶。文天祥是南宋末年的宰相，他是中国历史上第一位——我这么认为——将近代概念中的爱国主义写进诗里并且用行动进行实践的人物。面对蒙古军的南下入侵，他因主张迎战而遭罢官。后来他招募义军，四处抗战。最后他被元军所俘，试图自杀但并未成功。元朝希望能够任用他，他拒而不从故被判处死刑。老兵肯定曾对文天祥之经历产生了强烈共鸣，否则他不可能背下那么长的诗。

“这些东西大家都是听说书背下来的。”

中国自宋代起就有很多人说书，直到现在也是如此。这家茶馆也有人说书。贴在墙上的纸条写着现在说书的人姓刘，七十四岁，是四川人。

下午从一点半说到三点，晚上则是从八点开始。听说书不要钱，只需要买一杯茶就行。

“讲得很精彩，要来听听吗？”老兵如是说。